固有値・固有ベクトルと
行列の対角化

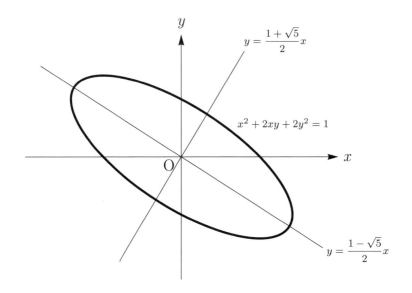

まえがき

　本書は，自然科学・工学の基礎である線形代数の中でもとりわけ重要な固有値・固有ベクトルに重点を置いて解説することを目的として書かれた．対象は，主に大学初年次の理工系学生である．ただし，行列や行列式についての基礎事項をある程度学んでいる学生であることを前提とした．

　線形代数を 1 年間にわたって履修する場合，前期に行列と行列式の基礎事項を学び，後期に抽象論を含む本格的な線形代数 (ベクトル空間論) を学ぶ，というのがひとつの典型的な形である．一方，高校の数学教育から行列が省かれて久しい．現在は，理工系の学生の多くが大学に入ってから行列の概念を知ることになるわけである．

　こうした事情から，初年次後期の時点で抽象論に進んでも，学生にとってはまだ得るものが少ないのではないか．このような視点から，本書では固有値・固有ベクトルおよびそれらに関連する話題にしぼることにした．

　また，話がなるべく抽象的にならぬよう心がけたつもりである．計算例を豊富に載せ，さらに繰り返して説明することを厭わなかったため，ところどころ冗長に感じられる記述があるかもしれない．

　本書の出版にあたっては，父の助言と大いなる助力があった．ここに感謝の意を表したい．

2020 年 2 月　　著者

目 次

第1章　行列

　この章では，後の章において必要となる事項をまとめておく．行列や行列式の最も基礎の部分はひととおり知っていることを前提とする．また，簡単のため，実数の範囲で考えることにする．

1.1　今後の計算に使われることがら

1.1.1　上三角行列

　対角成分より下側にある成分がすべて 0 の正方行列を，上三角行列と呼ぶ．

例 **1.1.1**　上三角行列どうしの積を 2 次と 3 次のときに求めてみると，

$$\begin{pmatrix} a_{11} & a_{12} \\ 0 & a_{22} \end{pmatrix}\begin{pmatrix} b_{11} & b_{12} \\ 0 & b_{22} \end{pmatrix} = \begin{pmatrix} a_{11}b_{11} & * \\ 0 & a_{22}b_{22} \end{pmatrix},$$

$$\begin{pmatrix} a_{11} & a_{12} & a_{13} \\ 0 & a_{22} & a_{23} \\ 0 & 0 & a_{33} \end{pmatrix}\begin{pmatrix} b_{11} & b_{12} & b_{13} \\ 0 & b_{22} & b_{23} \\ 0 & 0 & b_{33} \end{pmatrix} = \begin{pmatrix} a_{11}b_{11} & * & * \\ 0 & a_{22}b_{22} & * \\ 0 & 0 & a_{33}b_{33} \end{pmatrix}$$

となる．ただし，対角成分の上側は，計算を省略して $*$ 印を付した．　　　■

　一般に，次の命題が成り立つことが簡単な計算により確かめられる．

命題 **1.1.1**　A, B を次のような m 次上三角行列とする．

$$A = \begin{pmatrix} a_{11} & a_{12} & \cdots & a_{1m} \\ & a_{22} & \cdots & a_{2m} \\ & & \ddots & \vdots \\ \text{\huge 0} & & & a_{mm} \end{pmatrix}, \quad B = \begin{pmatrix} b_{11} & b_{12} & \cdots & b_{1m} \\ & b_{22} & \cdots & b_{2m} \\ & & \ddots & \vdots \\ \text{\huge 0} & & & b_{mm} \end{pmatrix}$$

(左下の大きな 0 は，対角成分より下側の成分がすべて 0 であることを表す．)
このとき，積 AB も m 次上三角行列であり，その対角成分は左上から順に

$$a_{11}b_{11}, \quad a_{22}b_{22}, \quad \ldots, \quad a_{mm}b_{mm}$$

となる．　　　　　　　　　　　　　　　　　　　　　　　　　　□

命題 1.1.2　A を上三角行列とする．このとき，次のことが成り立つ．
(1)　A の行列式 $|A|$ は，A のすべての対角成分の積に等しい．
(2)　A が正則であるための必要十分条件は，A の対角成分がすべて 0 ではない
ことである．さらに，A が正則であるとき，その逆行列 A^{-1} もまた上三角行列
である．　　　　　　　　　　　　　　　　　　　　　　　　　　□

　命題 1.1.2 (2) は，後述の命題 1.1.10 (2) と上三角行列の次数に関する帰納法
を用いて示せる (行列式の知識は必要ない)．

1.1.2　多項式への行列の「代入」
　A を m 次正方行列とする．x の多項式

$$f(x) = a_d x^d + a_{d-1}x^{d-1} + \cdots + a_1 x + a_0$$

に対して，行列 $f(A)$ を

$$f(A) = a_d A^d + a_{d-1}A^{d-1} + \cdots + a_1 A + a_0 E_m$$

により定める．

例 1.1.2　a, b を定数とし，$f_1(x) = x + a$, $f_2(x) = x + b$ とおく．また，これ
らの和，積をそれぞれ $f(x), g(x)$ とおくと，

$$f(x) = f_1(x) + f_2(x) = (x+a) + (x+b) = 2x + (a+b),$$
$$g(x) = f_1(x)f_2(x) = (x+a)(x+b) = x^2 + (a+b)x + ab$$

である．一方，A を正方行列とすると，

$$f_1(A) = A + aE, \quad f_2(A) = A + bE$$

であるから，2つの行列 $f_1(A)$, $f_2(A)$ の和および積は

$$f_1(A) + f_2(A) = (A + aE) + (A + bE) = A + A + aE + bE$$
$$= 2A + (a+b)E,$$
$$f_1(A)f_2(A) = (A + aE)(A + bE) = A^2 + A(bE) + (aE)A + (aE)(bE)$$
$$= A^2 + bA + aA + abE$$
$$= A^2 + (a+b)A + abE$$

となる．したがって，

$$f(A) = f_1(A) + f_2(A), \quad g(A) = f_1(A)f_2(A)$$

が成り立つ． ■

上の例で示したことと同様の性質は，$f_1(x)$, $f_2(x)$ が1次式でなくても成り立つ．そのことを命題としてまとめておく．

命題 1.1.3 多項式 $f_1(x)$, $f_2(x)$ の和と積をそれぞれ $f(x)$, $g(x)$ とする．すなわち，

$$f(x) = f_1(x) + f_2(x), \quad g(x) = f_1(x)f_2(x)$$

とおく．このとき，

$$f(A) = f_1(A) + f_2(A), \quad g(A) = f_1(A)f_2(A)$$

が成り立つ．一般に，t 個の多項式 $f_1(x)$, $f_2(x)$, ..., $f_t(x)$ に対して

$$f(x) = f_1(x) + f_2(x) + \cdots + f_t(x), \quad g(x) = f_1(x)f_2(x)\cdots f_t(x)$$

とおくとき，

$$f(A) = f_1(A) + f_2(A) + \cdots + f_t(A), \quad g(A) = f_1(A)f_2(A)\cdots f_t(A)$$

が成り立つ． □

例 **1.1.3** 正方行列 A および多項式

$$g(x) = (x - \lambda_1)(x - \lambda_2) \cdots (x - \lambda_t) \qquad (\lambda_1, \lambda_2, \ldots, \lambda_t \text{ は定数})$$

に対して,

$$g(A) = (A - \lambda_1 E)(A - \lambda_2 E) \cdots (A - \lambda_t E)$$

である.　　　　　　　　　　　　　　　　　　　　　　■

1.1.3　行列の分割

　行列をいくつかの区画に分けることを,　行列の分割と呼ぶ.　ここでは,　代表的な分割について述べる.

[1] 行分割

　A を $l \times m$ 行列とし,　$i = 1, 2, \ldots, l$ に対して $\boldsymbol{a}_i$ を A の第 i 行とする.　つまり,

$$A = \begin{pmatrix} a_{11} & a_{12} & \cdots & a_{1m} \\ a_{21} & a_{22} & \cdots & a_{2m} \\ \vdots & \vdots & \ddots & \vdots \\ a_{l1} & a_{l2} & \cdots & a_{lm} \end{pmatrix}$$

に対して

$$\begin{aligned} \boldsymbol{a}_1 &= (a_{11} \quad a_{12} \quad \cdots \quad a_{1m}), \\ \boldsymbol{a}_2 &= (a_{21} \quad a_{22} \quad \cdots \quad a_{2m}), \\ &\qquad \cdots\cdots \\ \boldsymbol{a}_l &= (a_{l1} \quad a_{l2} \quad \cdots \quad a_{lm}) \end{aligned}$$

とおく.　このとき,

$$A = \begin{pmatrix} \boldsymbol{a}_1 \\ \boldsymbol{a}_2 \\ \vdots \\ \boldsymbol{a}_l \end{pmatrix}$$

と書き表し,　A の行分割表示と呼ぶ.

命題 1.1.4 A, B をそれぞれ $l \times m$ 行列, $m \times n$ 行列とする. A が上の行分割表示をもつとき, 積 AB の行分割表示は

$$AB = \begin{pmatrix} \boldsymbol{a}_1 B \\ \boldsymbol{a}_2 B \\ \vdots \\ \boldsymbol{a}_l B \end{pmatrix}$$

で与えられる.   □

$l \geqq 2$ とし, 自然数 l_1, l_2 を $l_1 + l_2 = l$ となるようにとる. A の第 l_1 行までの部分を A_1 とおき, 残りの部分を A_2 とおく. このとき, A は A_1, A_2 を用いて次のように表せる (A_1 と A_2 の間に区切り線を書き入れることもある).

$$A = \begin{pmatrix} A_1 \\ A_2 \end{pmatrix} \begin{matrix} \}l_1 \\ \}l_2 \end{matrix}$$
$$\underbrace{}_{m}$$

命題 1.1.4 を 3 つの積 $AB, A_1 B, A_2 B$ に適用すると, 直ちに次のことがわかる.

系 1.1.5 上の記号のもとで, 次の等式が成り立つ.

$$AB = \begin{pmatrix} A_1 B \\ A_2 B \end{pmatrix}$$ □

[2] 列分割

B を $m \times n$ 行列とし, $j = 1, 2, \ldots, n$ に対して $\boldsymbol{b}_j$ を B の第 j 列とする. つまり,

$$B = \begin{pmatrix} b_{11} & b_{12} & \cdots & b_{1n} \\ b_{21} & b_{22} & \cdots & b_{2n} \\ \vdots & \vdots & \ddots & \vdots \\ b_{m1} & b_{m2} & \cdots & b_{mn} \end{pmatrix}$$

に対して

$$\boldsymbol{b}_1 = \begin{pmatrix} b_{11} \\ b_{21} \\ \vdots \\ b_{m1} \end{pmatrix}, \quad \boldsymbol{b}_2 = \begin{pmatrix} b_{12} \\ b_{22} \\ \vdots \\ b_{m2} \end{pmatrix}, \quad \dots, \quad \boldsymbol{b}_n = \begin{pmatrix} b_{1n} \\ b_{2n} \\ \vdots \\ b_{mn} \end{pmatrix}$$

とする. このとき,

$$B = (\boldsymbol{b}_1 \quad \boldsymbol{b}_2 \quad \cdots \quad \boldsymbol{b}_n)$$

と書き表し, B の列分割表示と呼ぶ.

命題 1.1.6 A, B をそれぞれ $l \times m$ 行列, $m \times n$ 行列とする. B が上の列分割表示をもつとき, 積 AB の列分割表示は

$$AB = (A\boldsymbol{b}_1 \quad A\boldsymbol{b}_2 \quad \cdots \quad A\boldsymbol{b}_n)$$

で与えられる. □

m 次単位行列 E_m の第 j 列を $\boldsymbol{e}_j^{(m)}$ あるいは簡単に $\boldsymbol{e}_j$ と表す. また, $\boldsymbol{e}_1^{(m)}$, $\boldsymbol{e}_2^{(m)}, \dots, \boldsymbol{e}_m^{(m)}$ を m 次基本ベクトルと総称する.

例 1.1.4 A は m 次正則行列で, その列分割表示が $A = (\boldsymbol{a}_1 \quad \boldsymbol{a}_2 \quad \cdots \quad \boldsymbol{a}_m)$ であるとする. このとき, $A^{-1}A = E_m$ であることと命題1.1.6から,

$$A^{-1}\boldsymbol{a}_j = \boldsymbol{e}_j \qquad (j = 1, 2, \dots, m)$$

が成り立つ. ■

$n \geqq 2$ とし, 自然数 n_1, n_2 を $n_1 + n_2 = n$ となるようにとる. B の第 n_1 列までの部分を B_1 とおき, 残りの部分を B_2 とおく. このとき, B は B_1, B_2 を用いて次のように表せる (B_1 と B_2 の間に区切り線を書き入れることもある).

$$B = (\underbrace{B_1}_{n_1} \quad \underbrace{B_2}_{n_2}) \} m$$

命題1.1.6を3つの積 AB, AB_1, AB_2 に適用すると, 直ちに次のことがわかる.

系 **1.1.7** 上の記号のもとで，次の等式が成り立つ．

$$AB = (AB_1 \quad AB_2)$$ □

[3] 4つの区画への分割

A を $l \times m$ 行列，B を $m \times n$ 行列とし，それぞれ次のように4つの小さな行列に区分けする．区切り線は見やすさのためにしばしば記入するが，別に書かなくてもよい．

$$A = \left(\begin{array}{c|c} A_{11} & A_{12} \\ \hline A_{21} & A_{22} \end{array}\right)\begin{array}{l}\}l_1 \\ \}l_2\end{array} \qquad B = \left(\begin{array}{c|c} B_{11} & B_{12} \\ \hline B_{21} & B_{22} \end{array}\right)\begin{array}{l}\}m_1 \\ \}m_2\end{array}$$

$$\underbrace{\quad}_{m_1}\underbrace{\quad}_{m_2} \qquad\qquad \underbrace{\quad}_{n_1}\underbrace{\quad}_{n_2}$$

ここで，$l_1, l_2, m_1, m_2, n_1, n_2$ は

$$l_1 + l_2 = l, \qquad m_1 + m_2 = m, \qquad n_1 + n_2 = n$$

を満たす自然数である．

$i = 1, 2$ および $j = 1, 2$ とする．A_{i1}, B_{1j} はそれぞれ $l_i \times m_1$ 行列，$m_1 \times n_j$ 行列であるから積 $A_{i1}B_{1j}$ が計算でき，$l_i \times n_j$ 行列となる．同様に，積 $A_{i2}B_{2j}$ が計算でき，これもやはり $l_i \times n_j$ 行列となる．したがって和 $A_{i1}B_{1j} + A_{i2}B_{2j}$ が計算でき，$l_i \times n_j$ 行列となる．

命題 **1.1.8** 上の記号のもとで，積 AB を

$$AB = \left(\begin{array}{c|c} C_{11} & C_{12} \\ \hline C_{21} & C_{22} \end{array}\right)\begin{array}{l}\}l_1 \\ \}l_2\end{array}$$

$$\underbrace{\quad}_{n_1}\underbrace{\quad}_{n_2}$$

と区分けすると，

$$C_{ij} = A_{i1}B_{1j} + A_{i2}B_{2j} \qquad (i = 1, 2; j = 1, 2) \tag{1.1.1}$$

が成り立つ． □

系 **1.1.9**　A, B はともに m 次正方行列で，どちらも次のように区分けされるとする.

$$A = \left(\begin{array}{c|c} A_{11} & A_{12} \\ \hline O & A_{22} \end{array}\right)\begin{array}{l}\}m_1 \\ \}m_2\end{array} \qquad B = \left(\begin{array}{c|c} B_{11} & B_{12} \\ \hline O & B_{22} \end{array}\right)\begin{array}{l}\}m_1 \\ \}m_2\end{array}$$
$$\underbrace{}_{m_1}\underbrace{}_{m_2} \qquad\qquad \underbrace{}_{m_1}\underbrace{}_{m_2}$$

このとき,

$$AB = \left(\begin{array}{c|c} A_{11}B_{11} & A_{11}B_{12} + A_{12}B_{22} \\ \hline O & A_{11}B_{11} \end{array}\right)$$

である. □

例 **1.1.5**　m 次正方行列 A, B が

$$A = \left(\begin{array}{c|ccc} a_{11} & a_{12} & \cdots & a_{1m} \\ \hline 0 & a_{22} & \cdots & a_{2m} \\ \vdots & \vdots & \ddots & \vdots \\ 0 & a_{m2} & \cdots & a_{mm} \end{array}\right), \qquad B = \left(\begin{array}{c|ccc} b_{11} & b_{12} & \cdots & b_{1m} \\ \hline 0 & b_{22} & \cdots & b_{2m} \\ \vdots & \vdots & \ddots & \vdots \\ 0 & b_{m2} & \cdots & b_{mm} \end{array}\right)$$

と区分けされるとする. この A, B の区分けにおいて, 右上の $m-1$ 次行ベクトルをそれぞれ $\boldsymbol{a}, \boldsymbol{b}$ とおき, 右下の $m-1$ 次正方行列をそれぞれ A', B' とおけば,

$$A = \left(\begin{array}{c|c} a_{11} & \boldsymbol{a} \\ \hline \boldsymbol{0} & A' \end{array}\right), \qquad B = \left(\begin{array}{c|c} b_{11} & \boldsymbol{b} \\ \hline \boldsymbol{0} & B' \end{array}\right)$$

となる. よって, $\boldsymbol{c} = a_{11}\boldsymbol{b} + \boldsymbol{a}B'$ とおくと,

$$AB = \left(\begin{array}{c|c} a_{11}b_{11} & \boldsymbol{c} \\ \hline \boldsymbol{0} & A'B' \end{array}\right)$$

である. たとえば, 3 次正方行列

$$A = \left(\begin{array}{c|cc} a_{11} & a_{12} & a_{13} \\ \hline 0 & a_{22} & a_{23} \\ 0 & a_{32} & a_{33} \end{array}\right), \qquad B = \left(\begin{array}{c|cc} b_{11} & b_{12} & b_{13} \\ \hline 0 & b_{22} & b_{23} \\ 0 & b_{32} & b_{33} \end{array}\right)$$

に対して積 AB を直接計算してみると

$$AB = \left(\begin{array}{c|cc} a_{11}b_{11} & * & * \\ \hline 0 & a_{22}b_{22} + a_{23}b_{32} & a_{22}b_{23} + a_{23}b_{33} \\ 0 & a_{32}b_{22} + a_{33}b_{32} & a_{32}b_{23} + a_{33}b_{33} \end{array}\right)$$

となる. ただし, 右上の 2 つの成分の計算は省略して $*$ 印を付けた. 右下の区画は確かに積 $\begin{pmatrix} a_{22} & a_{23} \\ a_{32} & a_{33} \end{pmatrix}\begin{pmatrix} b_{22} & b_{23} \\ b_{32} & b_{33} \end{pmatrix}$ に等しい. ∎

命題 1.1.10 m 次正方行列 A が系 1.1.9 のように区分けされるとする. このとき, 次のことが成り立つ.

(1) 行列式について, $|A| = |A_{11}||A_{22}|$ が成り立つ.

(2) A が正則であるための必要十分条件は, A_{11} および A_{22} が正則となることである. さらに, A が正則であるとき,

$$A^{-1} = \left(\begin{array}{c|c} A_{11}{}^{-1} & -A_{11}^{-1}A_{12}A_{22}{}^{-1} \\ \hline O & A_{22}{}^{-1} \end{array}\right)$$

が成り立つ. □

命題 1.1.10 (2) は, 行列式の知識を使わずに示せる. ただし, 必要条件の証明には, 次節の系 1.2.9 を用いる.

1.2 行列の階数

1.2.1 行列の簡約化

行列に対する次の変形操作を総称して, 行基本変形と呼ぶ.

(R1) 第 i 行に 0 ではない数 μ をかける ‥‥‥‥ 記号 $\mathrm{R}_i(\mu)$ で表す

(R2) 第 i 行と第 j 行を入れ換える ‥‥‥‥‥‥ 記号 R_{ij} で表す

(R3) 第 i 行に対して第 j 行の ν 倍を加える ‥‥ 記号 $\mathrm{R}_{ij}(\nu)$ で表す

m 次単位行列 E_m に対して何らかの行基本変形 ρ を 1 回だけ行って得られる行列を, ρ に対応する m 次基本行列と呼ぶ. どの行基本変形を行ったのかを明示する必要のないときは, 単に m 次基本行列という.

例 1.2.1　$R_1(2)$ に対応する 2 次基本行列は $\begin{pmatrix} 2 & 0 \\ 0 & 1 \end{pmatrix}$ であり，$R_{12}(-1)$ に対応する 2 次基本行列は $\begin{pmatrix} 1 & -1 \\ 0 & 1 \end{pmatrix}$ である． ∎

命題 1.2.1　基本行列は正則であり，しかも，基本行列の逆行列もまた基本行列である． □

命題 1.2.2　A を $m \times n$ 行列とし，A に対してある行基本変形 ρ を行って得られる行列を A_1 とする．また，この ρ に対応する m 次基本行列を F とする．このとき，

$$A_1 = FA$$

が成り立つ． □

系 1.2.3　A を $m \times n$ 行列とし，A に対していくつかの行基本変形を行って得られる行列を A' とする．このとき，ある m 次正則行列 G により

$$A' = GA$$

と書き表せる． □

C を $m \times n$ 行列とし，$u = 1, 2, \ldots, m$ に対して C の第 u 行を $\boldsymbol{c}_u$ とおく．このとき，C について以下の 3 条件 (a) 〜 (c) が成り立つならば，C を簡約な行列と呼ぶ．

(a)　次の性質を満たす整数 r が $0 \leqq r \leqq m$ の範囲に存在する．

$$\boldsymbol{c}_1 \neq \boldsymbol{0}, \quad \boldsymbol{c}_2 \neq \boldsymbol{0}, \quad \ldots, \quad \boldsymbol{c}_r \neq \boldsymbol{0}, \quad \boldsymbol{c}_{r+1} = \cdots = \boldsymbol{c}_m = \boldsymbol{0}$$

ただし，$r = 0$ のときはすべての行が $\boldsymbol{0}$ (すなわち，$C = O$) であり，$r = m$ のときはどの行も $\boldsymbol{0}$ ではないと解釈する．

(b)　$r \geqq 1$ のとき，各行 $\boldsymbol{c}_u = (c_{u1} \ \ c_{u2} \ \ \cdots \ \ c_{un})$ (ただし，$u \leqq r$) において $c_{uj} \neq 0$ となる最小の j をそれぞれ j_u とおくと，次の不等式が成り立つ．

$$1 \leqq j_1 < j_2 < \cdots < j_r \leqq n$$

(c) $r \geqq 1$ のとき, $u = 1, 2, \ldots, r$ に対して C の第 j_u 列は $\boldsymbol{e}_u$ に一致する. ただし, 各 u に対して j_u は (b) で定めた整数とする.

C が簡約な行列であるとき, 上の条件により定まる整数 r を C の階数と呼び, $\mathrm{rank}\, C$ で表す.

例 1.2.2　C は簡約な $m \times n$ 行列で, $\mathrm{rank}\, C = n$ とする. このとき, 条件 (b) により

$$j_1 = 1, \quad j_2 = 2, \quad \ldots, \quad j_n = n$$

とならなければならないから, C は m 次単位行列 E_m の第 1 列から第 n 列までの部分を取り出した行列に等しい.

$$C = (\boldsymbol{e}_1 \quad \boldsymbol{e}_2 \quad \cdots \quad \boldsymbol{e}_n) \qquad \blacksquare$$

命題 1.2.4　簡約な m 次正則行列は E_m のみである.

証明　C を簡約な m 次正方行列とし, $r = \mathrm{rank}\, C$ とおく. $r < m$ のときは C の行に $\boldsymbol{0}$ となるものがあるから, C は正則でない. 一方, $r = m$ のときは上の例からもわかるように $C = E_m$ で, これはもちろん正則である. 特に, 簡約な m 次正則行列は E_m のみである. $\qquad \square$

$\begin{pmatrix} 2 & 2 & -1 \\ 1 & 1 & 0 \end{pmatrix}$ は簡約な行列ではないが, 次のように行基本変形すると, 簡約な行列に変形される.

$$\begin{pmatrix} 2 & 2 & -1 \\ 1 & 1 & 0 \end{pmatrix} \xrightarrow{\mathrm{R}_{12}} \begin{pmatrix} 1 & 1 & 0 \\ 2 & 2 & -1 \end{pmatrix} \xrightarrow{\mathrm{R}_{21}(-2)} \begin{pmatrix} 1 & 1 & 0 \\ 0 & 0 & -1 \end{pmatrix} \xrightarrow{\mathrm{R}_2(-1)} \begin{pmatrix} 1 & 1 & 0 \\ 0 & 0 & 1 \end{pmatrix}$$

このように, 行列 A にいくつかの行基本変形を行って簡約な行列に変形することを, A を簡約化するという. また, そのようにして得られた簡約な行列を, A の簡約化と呼ぶ.

定理 1.2.5　任意の行列は, いくつかの行基本変形を行うことで簡約化される. $\qquad \square$

行列を簡約化する手順は1通りではない．しかし，次のことが成り立つ．

定理 1.2.6 与えられた行列に対して，その簡約化はただ1つに定まる． □

系 1.2.3 および定理 1.2.5 から，次の命題が得られる．

命題 1.2.7 A を $m \times n$ 行列とし，C をその簡約化とすると，ある m 次正則行列 G により

$$C = GA$$

と書き表せる． □

この項でここまで述べてきたことを総合すると，次のことがわかる．

定理 1.2.8 A を正方行列とする．このとき，次の3つの条件は同値である．
(i) A は正則である．
(ii) A の簡約化は E である．
(iii) A は基本行列の積である． □

系 1.2.9 A を正方行列とする．もしある正方行列 X に対して $XA = E$ となるならば，A は正則である．

証明 もし X の簡約化が E ならば，定理 1.2.8 により X は正則で，したがって $A = X^{-1}$ となるから A も正則である．そこで，C を X の簡約化とし，$C = E$ であることを示そう．命題 1.2.7 により，ある正則行列 G を用いて $C = GX$ と書けるから，

$$CA = (GX)A = G(XA) = GE = G$$

である．よって CA は正則であるから，C の行に **0** は存在し得ない（もし C の行に **0** があれば，CA は **0** となる行をもつから正則でない）．すると，例 1.2.2（あるいは，命題 1.2.4 の証明）から，$C = E$ であることがわかる． □

1.2.2 行列への列ベクトルの追加と階数の増大

簡約な行列の階数はすでに定義したが，一般の行列についても，簡約化の一意性（定理 1.2.6）を用いて階数の概念を導入することができる．すなわち，行

列 A の簡約化が C であるとき，$\operatorname{rank} C$ をもって A の階数と定め，$\operatorname{rank} A$ で表すわけである.

A を $m \times n$ 行列とする．$\operatorname{rank} A$ は行および列の個数以下であるから，

$$m \geqq \operatorname{rank} A, \quad n \geqq \operatorname{rank} A$$

である．特に，もし $\operatorname{rank} A = n$ ならば，$m \geqq n$ である．1.2.1 項で述べたことを $\operatorname{rank} A = n$ かつ $m = n$ の場合に適用すれば，次の定理が得られる．

定理 1.2.10 A を m 次正方行列とする．このとき，A が正則であるための必要十分条件は，$\operatorname{rank} A = m$ となることである． $\square$

一方，$\operatorname{rank} A = n$ かつ $m > n$ の場合は，次の定理が成り立つ．

定理 1.2.11 A は $m \times n$ 行列で，$\operatorname{rank} A = n$ かつ $m > n$ とする．また，p は $1 \leqq p \leqq m-n$ を満たす整数とする．このとき，$m \times p$ 行列 A' を適切に選んで，

$$\operatorname{rank}(A \quad A') = n + p$$

となるようにできる．

証明 $\operatorname{rank} A = n$ であるから，例 1.2.2 および命題 1.2.7 により，ある m 次正則行列 G を用いて

$$GA = (\boldsymbol{e}_1 \quad \boldsymbol{e}_2 \quad \cdots \quad \boldsymbol{e}_n)$$

と書ける．そこで，$A' = G^{-1}(\boldsymbol{e}_{n+1} \quad \cdots \quad \boldsymbol{e}_{n+p})$ とおくと，$m \times (n+p)$ 行列 $(A \quad A')$ に対して

$$G(A \quad A') = (GA \quad GA') = (\boldsymbol{e}_1 \quad \boldsymbol{e}_2 \quad \cdots \quad \boldsymbol{e}_n \quad \boldsymbol{e}_{n+1} \quad \cdots \quad \boldsymbol{e}_{n+p})$$

となる．これは明らかに簡約な行列であり，したがって $(A \quad A')$ の簡約化を与える．ゆえに，この A' に対して $\operatorname{rank}(A \quad A') = n + p$ である． $\square$

定理 1.2.11 において特に $p = 1$ あるいは $p = m-n$ とすれば，次の系が得られる.

系 **1.2.12**　A は定理 1.2.11 のとおりとする．このとき，次のことが成り立つ．

(1)　m 次列ベクトル $\boldsymbol{a}$ を適切に選んで，$\mathrm{rank}(A \quad \boldsymbol{a}) = n+1$ となるようにできる．

(2)　$m \times (m-n)$ 行列 A' を適切に選んで，$(A \quad A')$ が m 次正則行列となるようにできる．　　　　　　　　　　　　　　　　　　　　　　　□

例 **1.2.3**　$A = \begin{pmatrix} 1 & 1 & 2 \\ 1 & 2 & 2 \\ 2 & 4 & 4 \\ 1 & 2 & 3 \\ 3 & 6 & 6 \end{pmatrix}$ は，たとえば次のように ① ～ ⑩ の行基本変形を

順に行うことで簡約化される．

$$A \xrightarrow[\substack{\text{④} \mathrm{R}_{51}(-3)}]{\substack{\text{① } \mathrm{R}_{21}(-1) \\ \text{② } \mathrm{R}_{31}(-2) \\ \text{③ } \mathrm{R}_{41}(-1)}} \begin{pmatrix} 1 & 1 & 2 \\ 0 & 1 & 0 \\ 0 & 2 & 0 \\ 0 & 1 & 1 \\ 0 & 3 & 0 \end{pmatrix} \xrightarrow[\substack{\text{⑧ } \mathrm{R}_{52}(-3)}]{\substack{\text{⑤ } \mathrm{R}_{12}(-1) \\ \text{⑥ } \mathrm{R}_{32}(-2) \\ \text{⑦ } \mathrm{R}_{42}(-1)}} \begin{pmatrix} 1 & 0 & 2 \\ 0 & 1 & 0 \\ 0 & 0 & 0 \\ 0 & 0 & 1 \\ 0 & 0 & 0 \end{pmatrix} \xrightarrow[\substack{\text{⑩ } \mathrm{R}_{34}}]{\text{⑨ } \mathrm{R}_{14}(-2)} (\boldsymbol{e}_1 \quad \boldsymbol{e}_2 \quad \boldsymbol{e}_3)$$

A の簡約化 $(\boldsymbol{e}_1 \quad \boldsymbol{e}_2 \quad \boldsymbol{e}_3)$ に対して，⑩ の逆変形から始めて① の逆変形まで順に行うと A に戻る．

$$(\boldsymbol{e}_1 \quad \boldsymbol{e}_2 \quad \boldsymbol{e}_3) \xrightarrow[\substack{\text{② } \mathrm{R}_{14}(2)}]{\text{① } \mathrm{R}_{34}} \begin{pmatrix} 1 & 0 & 2 \\ 0 & 1 & 0 \\ 0 & 0 & 0 \\ 0 & 0 & 1 \\ 0 & 0 & 0 \end{pmatrix} \xrightarrow[\substack{\text{⑤ } \mathrm{R}_{32}(2) \\ \text{⑥ } \mathrm{R}_{12}(1)}]{\substack{\text{③ } \mathrm{R}_{52}(3) \\ \text{④ } \mathrm{R}_{42}(1)}} \begin{pmatrix} 1 & 1 & 2 \\ 0 & 1 & 0 \\ 0 & 2 & 0 \\ 0 & 1 & 1 \\ 0 & 3 & 0 \end{pmatrix} \xrightarrow[\substack{\text{⑨ } \mathrm{R}_{31}(2) \\ \text{⑩ } \mathrm{R}_{21}(1)}]{\substack{\text{⑦ } \mathrm{R}_{51}(3) \\ \text{⑧ } \mathrm{R}_{41}(1)}} A$$

これと同じことを $(\boldsymbol{e}_4 \quad \boldsymbol{e}_5)$ に対して行うと，

$$(\boldsymbol{e}_4 \quad \boldsymbol{e}_5) \xrightarrow[\substack{\text{② } \mathrm{R}_{14}(2)}]{\text{① } \mathrm{R}_{34}} \begin{pmatrix} 0 & 0 \\ 0 & 0 \\ 1 & 0 \\ 0 & 0 \\ 0 & 1 \end{pmatrix} \xrightarrow[\substack{\text{⑤ } \mathrm{R}_{32}(2) \\ \text{⑥ } \mathrm{R}_{12}(1)}]{\substack{\text{③ } \mathrm{R}_{52}(3) \\ \text{④ } \mathrm{R}_{42}(1)}} \begin{pmatrix} 0 & 0 \\ 0 & 0 \\ 1 & 0 \\ 0 & 0 \\ 0 & 1 \end{pmatrix} \xrightarrow[\substack{\text{⑨ } \mathrm{R}_{31}(2) \\ \text{⑩ } \mathrm{R}_{21}(1)}]{\substack{\text{⑦ } \mathrm{R}_{51}(3) \\ \text{⑧ } \mathrm{R}_{41}(1)}} \begin{pmatrix} 0 & 0 \\ 0 & 0 \\ 1 & 0 \\ 0 & 0 \\ 0 & 1 \end{pmatrix} = (\boldsymbol{e}_3 \quad \boldsymbol{e}_5)$$

となる．このことは，$A' = (\boldsymbol{e}_3 \quad \boldsymbol{e}_5)$ とおくとき，5 次正方行列 $(A \quad A')$ の簡約化が E_5 となることを意味する．したがって，$(A \quad A')$ は正則である． ■

1.3 同次連立 1 次方程式の解

1.3.1 連立 1 次方程式

mn 個の数 a_{ij} $(i = 1, 2, \ldots, m; j = 1, 2, \ldots, n)$ と m 個の数 $\alpha_1, \alpha_2, \ldots, \alpha_m$ が与えられているとき，

$$\begin{cases} a_{11}x_1 + a_{12}x_2 + \cdots + a_{1n}x_n = \alpha_1 \\ a_{21}x_1 + a_{22}x_2 + \cdots + a_{2n}x_n = \alpha_2 \\ \quad\cdots\cdots \\ a_{m1}x_1 + a_{m2}x_2 + \cdots + a_{mn}x_n = \alpha_m \end{cases} \tag{1.3.1}$$

を未知数 $x_1, x_2, \ldots, x_n$ に関する連立 1 次方程式という．

$$A = \begin{pmatrix} a_{11} & a_{12} & \cdots & a_{1n} \\ a_{21} & a_{22} & \cdots & a_{2n} \\ \vdots & \vdots & \ddots & \vdots \\ a_{m1} & a_{m2} & \cdots & a_{mn} \end{pmatrix}, \quad \boldsymbol{x} = \begin{pmatrix} x_1 \\ x_2 \\ \vdots \\ x_n \end{pmatrix}, \quad \boldsymbol{\alpha} = \begin{pmatrix} \alpha_1 \\ \alpha_2 \\ \vdots \\ \alpha_m \end{pmatrix}$$

とおくと，(1.3.1) は

$$A\boldsymbol{x} = \boldsymbol{\alpha} \tag{1.3.2}$$

と書き表せる．A を，この連立 1 次方程式の係数行列と呼ぶ．また，A の右端に $\boldsymbol{\alpha}$ を付加して得られる $m \times (n+1)$ 行列 $(A \quad \boldsymbol{\alpha})$ を，この連立 1 次方程式の拡大係数行列と呼ぶ．

(1.3.1) を満たす数 $x_1, x_2, \ldots, x_n$ の組，あるいは同じことであるが，(1.3.2) を満たすベクトル $\boldsymbol{x}$ をこの連立 1 次方程式の解という．解の個数は，0 個（解なし），1 個，無数，のいずれかである．解をすべて求めるか，もしくは解なしと判定することを，この連立 1 次方程式を解くという．

連立 1 次方程式は，拡大係数行列を簡約化することにより解くことができる．ただし，ここでは一般の場合の詳細な解法には立ち入らず，最も基本的な例を 1 つ挙げるにとどめておく．

例 **1.3.1** m 次正方行列 A を係数行列とする連立 1 次方程式 $A\boldsymbol{x} = \boldsymbol{\alpha}$ におい
て，拡大係数行列 $(A \quad \boldsymbol{\alpha})$ の簡約化が $(E_m \quad \boldsymbol{\beta})$ の形になったとする．このと
き，$A\boldsymbol{x} = \boldsymbol{\alpha}$ はただ 1 つの解 $\boldsymbol{x} = \boldsymbol{\beta}$ をもつ． ∎

1.3.2 行列の積とベクトルの 1 次結合

$A, \boldsymbol{b}$ をそれぞれ次のような $m \times n$ 行列，n 次列ベクトルとする．

$$A = \begin{pmatrix} a_{11} & a_{12} & \cdots & a_{1n} \\ a_{21} & a_{22} & \cdots & a_{2n} \\ \vdots & \vdots & \ddots & \vdots \\ a_{m1} & a_{m2} & \cdots & a_{mn} \end{pmatrix}, \qquad \boldsymbol{b} = \begin{pmatrix} b_1 \\ b_2 \\ \vdots \\ b_n \end{pmatrix}$$

また，A の列分割表示を $A = (\boldsymbol{a}_1 \quad \boldsymbol{a}_2 \quad \cdots \quad \boldsymbol{a}_n)$ とする．積 $A\boldsymbol{b}$ については，
次のことが基本的である．

補題 1.3.1 上の記号のもとで，等式

$$A\boldsymbol{b} = b_1\boldsymbol{a}_1 + b_2\boldsymbol{a}_2 + \cdots + b_n\boldsymbol{a}_n \tag{1.3.3}$$

が成り立つ．

証明 行列やベクトルにおける演算の定義に従って $A\boldsymbol{b}$ を変形すると，

$$A\boldsymbol{b} = \begin{pmatrix} a_{11}b_1 + a_{12}b_2 + \cdots + a_{1n}b_n \\ a_{21}b_1 + a_{22}b_2 + \cdots + a_{2n}b_n \\ \vdots \\ a_{m1}b_1 + a_{m2}b_2 + \cdots + a_{mn}b_n \end{pmatrix}$$

$$= b_1 \begin{pmatrix} a_{11} \\ a_{21} \\ \vdots \\ a_{m1} \end{pmatrix} + b_2 \begin{pmatrix} a_{12} \\ a_{22} \\ \vdots \\ a_{m2} \end{pmatrix} + \cdots + b_n \begin{pmatrix} a_{1n} \\ a_{2n} \\ \vdots \\ a_{mn} \end{pmatrix}$$

$$= b_1\boldsymbol{a}_1 + b_2\boldsymbol{a}_2 + \cdots + b_n\boldsymbol{a}_n$$

となる． □

例 **1.3.2** 次の等式が成り立つように，b_1, b_2, b_3 を定めてみよう．

$$\begin{pmatrix} 1 \\ 3 \\ 4 \end{pmatrix} = b_1 \begin{pmatrix} 1 \\ 2 \\ 3 \end{pmatrix} + b_2 \begin{pmatrix} 2 \\ 5 \\ 3 \end{pmatrix} + b_3 \begin{pmatrix} 3 \\ 7 \\ 4 \end{pmatrix}$$

そのためには，b_1, b_2, b_3 を未知数とする連立 1 次方程式

$$\begin{pmatrix} 1 & 2 & 3 \\ 2 & 5 & 7 \\ 3 & 3 & 4 \end{pmatrix} \begin{pmatrix} b_1 \\ b_2 \\ b_3 \end{pmatrix} = \begin{pmatrix} 1 \\ 3 \\ 4 \end{pmatrix}$$

を解けばよい．そこで，この連立 1 次方程式の拡大係数行列を簡約化してみると，

$$\begin{pmatrix} 1 & 2 & 3 & 1 \\ 2 & 5 & 7 & 3 \\ 3 & 3 & 4 & 4 \end{pmatrix} \longrightarrow \begin{pmatrix} 1 & 0 & 0 & 1 \\ 0 & 1 & 0 & 3 \\ 0 & 0 & 1 & -2 \end{pmatrix} \quad \text{となるから} \quad \begin{pmatrix} b_1 \\ b_2 \\ b_3 \end{pmatrix} = \begin{pmatrix} 1 \\ 3 \\ -2 \end{pmatrix}.$$

よって，$b_1 = 1, b_2 = 3, b_3 = -2$ とおけばよい．　　　　　　　■

　一般に，$n+1$ 個の m 次列ベクトル $\boldsymbol{a}_1, \boldsymbol{a}_2, \ldots, \boldsymbol{a}_n, \boldsymbol{c}$ に対して，等式

$$\boldsymbol{c} = b_1 \boldsymbol{a}_1 + b_2 \boldsymbol{a}_2 + \cdots + b_n \boldsymbol{a}_n \tag{1.3.4}$$

が成り立つような実数 $b_1, b_2, \ldots, b_n$ を求めるには，$A = (\boldsymbol{a}_1 \quad \boldsymbol{a}_2 \quad \cdots \quad \boldsymbol{a}_n)$ を係数行列とし，$\boldsymbol{b}$ を未知のベクトルとする連立 1 次方程式

$$A\boldsymbol{b} = \boldsymbol{c}$$

を解けばよい．この連立 1 次方程式が無数の解をもてば，$\boldsymbol{c}$ を (1.3.4) の形に表す仕方も無数にある．また，解をもたなければ，$\boldsymbol{c}$ を (1.3.4) の形に表すことはできない．

　ベクトル $\boldsymbol{c}$ が (1.3.4) の形に表せるとき，$\boldsymbol{c}$ は $\boldsymbol{a}_1, \boldsymbol{a}_2, \ldots, \boldsymbol{a}_n$ の **1 次結合** (詳しくは，**R** 上の 1 次結合) であるという．$n = 1$ であってももちろんよい．その場合，

　　　　$\boldsymbol{c}$ は $\boldsymbol{a}_1$ の 1 次結合 $\iff$ $\boldsymbol{c}$ は $\boldsymbol{a}_1$ の実数倍

である．

補題 1.3.2 A は $l \times m$ 行列で，列分割表示 $A = (\boldsymbol{a}_1 \quad \boldsymbol{a}_2 \quad \cdots \quad \boldsymbol{a}_m)$ をもつとする．また，B を次のような $m \times n$ 行列とする．

$$B = \begin{pmatrix} b_{11} & b_{12} & \cdots & b_{1n} \\ b_{21} & b_{22} & \cdots & b_{2n} \\ \vdots & \vdots & \ddots & \vdots \\ b_{m1} & b_{m2} & \cdots & b_{mn} \end{pmatrix}$$

さらに，$l \times n$ 行列 C の列分割表示が $C = (\boldsymbol{c}_1 \quad \boldsymbol{c}_2 \quad \cdots \quad \boldsymbol{c}_n)$ であるとする．このとき，$C = AB$ となるための必要十分条件は，

$$\begin{cases} \boldsymbol{c}_1 = b_{11}\boldsymbol{a}_1 + b_{21}\boldsymbol{a}_2 + \cdots + b_{m1}\boldsymbol{a}_m \\ \boldsymbol{c}_2 = b_{12}\boldsymbol{a}_1 + b_{22}\boldsymbol{a}_2 + \cdots + b_{m2}\boldsymbol{a}_m \\ \qquad\qquad \cdots\cdots \\ \boldsymbol{c}_n = b_{1n}\boldsymbol{a}_1 + b_{2n}\boldsymbol{a}_2 + \cdots + b_{mn}\boldsymbol{a}_m \end{cases} \tag{1.3.5}$$

が成り立つことである．

証明 B の列分割表示を $B = (\boldsymbol{b}_1 \quad \boldsymbol{b}_2 \quad \cdots \quad \boldsymbol{b}_n)$ とする．もし $C = AB$ であれば，命題 1.1.6 により $j = 1, 2, \ldots, n$ に対して $\boldsymbol{c}_j = A\boldsymbol{b}_j$ であるから，補題 1.3.1 により (1.3.5) が成り立つ．逆に，(1.3.5) が成り立てば，補題 1.3.1 により $j = 1, 2, \ldots, n$ に対して $\boldsymbol{c}_j = A\boldsymbol{b}_j$ である．このことは，2 つの $l \times n$ 行列 C，AB の列分割表示が一致することを意味するから，$C = AB$ である． $\square$

例 1.3.3 $l \times 3$ 行列 $A = (\boldsymbol{a}_1 \quad \boldsymbol{a}_2 \quad \boldsymbol{a}_3)$ および $l \times 2$ 行列 $C = (\boldsymbol{c}_1 \quad \boldsymbol{c}_2)$ の列の間に次のような関係があるとする．

$$\begin{cases} \boldsymbol{c}_1 = 3\boldsymbol{a}_1 + \boldsymbol{a}_2 - 2\boldsymbol{a}_3 \\ \boldsymbol{c}_2 = \boldsymbol{a}_1 + 2\boldsymbol{a}_2 - \boldsymbol{a}_3 \end{cases}$$

このとき，

$$B = \begin{pmatrix} 3 & 1 \\ 1 & 2 \\ -2 & -1 \end{pmatrix}$$

とおくと，$C = AB$ となる．ベクトルを実際に与えて，具体的に確認してみよう．

$$\boldsymbol{a}_1 = \begin{pmatrix} 1 \\ 2 \\ 1 \\ 1 \end{pmatrix}, \quad \boldsymbol{a}_2 = \begin{pmatrix} 0 \\ 1 \\ 1 \\ 2 \end{pmatrix}, \quad \boldsymbol{a}_3 = \begin{pmatrix} 1 \\ 3 \\ 1 \\ 2 \end{pmatrix} \quad \text{とおくと} \quad A = \begin{pmatrix} 1 & 0 & 1 \\ 2 & 1 & 3 \\ 1 & 1 & 1 \\ 1 & 2 & 2 \end{pmatrix}$$

であり，積 AB を計算してみると，

$$AB = \begin{pmatrix} 1 & 0 & 1 \\ 2 & 1 & 3 \\ 1 & 1 & 1 \\ 1 & 2 & 2 \end{pmatrix} \begin{pmatrix} 3 & 1 \\ 1 & 2 \\ -2 & -1 \end{pmatrix} = \begin{pmatrix} 1 & 0 \\ 1 & 1 \\ 2 & 2 \\ 1 & 3 \end{pmatrix}$$

となる．一方，

$$\boldsymbol{c}_1 = 3\boldsymbol{a}_1 + \boldsymbol{a}_2 - 2\boldsymbol{a}_3 = \begin{pmatrix} 1 \\ 1 \\ 2 \\ 1 \end{pmatrix}, \quad \boldsymbol{c}_2 = \boldsymbol{a}_1 + 2\boldsymbol{a}_2 - \boldsymbol{a}_3 = \begin{pmatrix} 0 \\ 1 \\ 2 \\ 3 \end{pmatrix}$$

であるから，$C = (\boldsymbol{c}_1 \quad \boldsymbol{c}_2)$ は確かに上で求めた積 AB に等しい．　　■

1.3.3 同次連立 1 次方程式の解と係数行列の階数

　行列 A を用いて $A\boldsymbol{x} = \boldsymbol{0}$ と表される連立 1 次方程式を，同次連立 1 次方程式という．明らかに $A\boldsymbol{0} = \boldsymbol{0}$ であるから，$A\boldsymbol{x} = \boldsymbol{0}$ は必ず $\boldsymbol{x} = \boldsymbol{0}$ を解にもつ．特に，同次連立 1 次方程式は少なくとも 1 つの解をもつ．

　同次連立 1 次方程式 $A\boldsymbol{x} = \boldsymbol{0}$ の解全体の集合を，$A\boldsymbol{x} = \boldsymbol{0}$ の解空間と呼ぶ．この語は，同次ではない連立 1 次方程式に対しては用いないので注意されたい．

　一般に，連立 1 次方程式は拡大係数行列を簡約化することで解くことができる．ただし，同次連立 1 次方程式 $A\boldsymbol{x} = \boldsymbol{0}$ においては，拡大係数行列 $(A \quad \boldsymbol{0})$ をいくら行基本変形しても最後の列は $\boldsymbol{0}$ のままである．したがって，同次連立 1 次方程式は係数行列の簡約化を利用して解くこともできる．

例 **1.3.4** 同次連立1次方程式

$$\begin{pmatrix} 1 & 2 & 3 \\ 1 & 3 & 5 \\ 2 & 3 & 4 \end{pmatrix}\begin{pmatrix} x_1 \\ x_2 \\ x_3 \end{pmatrix} = \begin{pmatrix} 0 \\ 0 \\ 0 \end{pmatrix}$$

を解くために係数行列を簡約すると，

$$\begin{pmatrix} 1 & 2 & 3 \\ 1 & 3 & 5 \\ 2 & 3 & 4 \end{pmatrix} \longrightarrow \begin{pmatrix} 1 & 0 & -1 \\ 0 & 1 & 2 \\ 0 & 0 & 0 \end{pmatrix} \quad \text{より} \quad \begin{cases} x_1 \quad - \; x_3 = 0 \\ \quad x_2 + 2x_3 = 0 \end{cases}$$

（$\boldsymbol{e}_1$ $\boldsymbol{e}_2$ ×、等号）

となる．段差のない列 (×印をつけた列) は第3列で，この列に対応する未知数 x_3 に任意の実数を割り当てれば，それに応じて残りの未知数 x_1, x_2 の値も定まる．つまり，s を任意の実数として $x_3 = s$ とおくと，

$$\begin{cases} x_1 = \quad s \\ x_2 = -2s \\ x_3 = \quad s \end{cases} \quad \text{すなわち} \quad \begin{pmatrix} x_1 \\ x_2 \\ x_3 \end{pmatrix} = s\begin{pmatrix} 1 \\ -2 \\ 1 \end{pmatrix}$$

である．よって，この同次連立1次方程式の解空間は，$\begin{pmatrix} 1 \\ -2 \\ 1 \end{pmatrix}$ の1次結合全体の集合に等しい．■

例 **1.3.5** ある同次連立1次方程式 $A\boldsymbol{x} = \boldsymbol{0}$ の係数行列 A の簡約化が

$$\begin{pmatrix} 1 & -1 & 0 & -2 \\ 0 & 0 & 1 & -3 \\ 0 & 0 & 0 & 0 \end{pmatrix}$$

（$\boldsymbol{e}_1$ × $\boldsymbol{e}_2$ ×、等号）

であるとする．このとき，段差のない列 (×印をつけた列) は第2列と第4列で，これらの列に対応する未知数 x_2, x_4 にそれぞれ任意の実数を割り当てれば，それに応じて残りの未知数 x_1, x_3 の値も定まる．つまり，s_1, s_2 を任意の実数

として $x_2 = s_1,\ x_4 = s_2$ とおくと，

$$\begin{cases} x_1 = s_1 + 2s_2 \\ x_2 = s_1 \\ x_3 = \qquad 3s_2 \\ x_4 = \qquad\ \ s_2 \end{cases} \qquad \text{すなわち} \qquad \boldsymbol{x} = s_1 \begin{pmatrix} 1 \\ 1 \\ 0 \\ 0 \end{pmatrix} + s_2 \begin{pmatrix} 2 \\ 0 \\ 3 \\ 1 \end{pmatrix}$$

である．よって，この同次連立 1 次方程式の解空間は，$\begin{pmatrix} 1 \\ 1 \\ 0 \\ 0 \end{pmatrix},\ \begin{pmatrix} 2 \\ 0 \\ 3 \\ 1 \end{pmatrix}$ の 1 次結

合全体の集合に等しい．　　■

例 1.3.6　ある同次連立 1 次方程式 $A\boldsymbol{x} = \boldsymbol{0}$ の係数行列 A の簡約化が

$$\begin{pmatrix} 1 & 0 & 0 \\ 0 & 1 & 0 \\ 0 & 0 & 1 \\ 0 & 0 & 0 \end{pmatrix}$$
$$\boldsymbol{e}_1 \quad \boldsymbol{e}_2 \quad \boldsymbol{e}_3 \text{等号}$$

であるとする．このとき，$x_1 = 0,\ x_2 = 0,\ x_3 = 0$ となるから，$A\boldsymbol{x} = \boldsymbol{0}$ の解は $\boldsymbol{x} = \boldsymbol{0}$ だけである．言い換えれば，$A\boldsymbol{x} = \boldsymbol{0}$ の解空間は $\{\boldsymbol{0}\}$ である．　　■

　上の 3 つの例からも示唆されるように，$A\boldsymbol{x} = \boldsymbol{0}$ の解が $\boldsymbol{x} = \boldsymbol{0}$ だけなのか，それとも $\boldsymbol{x} = \boldsymbol{0}$ のほかにもあるのかは，A の階数と列の個数の間の関係で決まる．すなわち，次の定理が成り立つ．

定理 1.3.3　A を $m \times n$ 行列とする．このとき，同次連立 1 次方程式 $A\boldsymbol{x} = \boldsymbol{0}$ の解が $\boldsymbol{x} = \boldsymbol{0}$ だけであるための必要十分条件は，$\operatorname{rank} A = n$ となることである．

証明　$\operatorname{rank} A$ を r とおく．
[1] $r = n$ のとき，A の簡約化は

$$(\boldsymbol{e}_1 \quad \boldsymbol{e}_2 \quad \cdots \quad \boldsymbol{e}_n)$$

である (例 1.2.2). よって, $x_1 = 0,\ x_2 = 0,\ \ldots,\ x_n = 0$ となるから, この場合には $A\boldsymbol{x} = \boldsymbol{0}$ の解は $\boldsymbol{x} = \boldsymbol{0}$ しかない.

[2] 次に, $r < n$ とする. $d = n - r$ とおくと, A の簡約化において段差のない列 (×印がつく列) はちょうど d 個ある. そこで, これらの列に対応する d 個の未知数にそれぞれ任意の実数を割り当てれば, それに応じて残りの未知数の値も定まる. 以下では, A の簡約化において r 個の段差が第 r 列までにすべて現れる場合を考察する. つまり,

$$j_1 = 1,\ j_2 = 2,\ \ldots,\ j_r = r$$

と仮定する (この仮定は単に記号等の繁雑化を避けるためにおくものであり, j_1, $j_2, \ldots, j_r$ がこれとは異なる場合, たとえば例 1.3.5 のような場合でも同様に議論できる). このとき, A の簡約化における段差の状況は次のようになる.

$$\tag{1.3.6}$$

第 $r+1$ 列からは段差がないので, $s_1, s_2, \ldots, s_d$ を任意の実数として $x_{r+1} = s_1$, $x_{r+2} = s_2, \ldots, x_n = s_d$ とおくと,

$$\begin{cases} x_1 &= c_{11}s_1 + c_{12}s_2 + \cdots + c_{1d}s_d \\ x_2 &= c_{21}s_1 + c_{22}s_2 + \cdots + c_{2d}s_d \\ &\quad\cdots\cdots \\ x_r &= c_{r1}s_1 + c_{r2}s_2 + \cdots + c_{rd}s_d \\ x_{r+1} &= s_1 \\ x_{r+2} &= \ \ s_2 \\ &\quad\cdots\cdots \\ x_n &= \ \ s_d \end{cases} \tag{1.3.7}$$

となる. ただし, c_{ij} $(i = 1, 2, \ldots, r;\ j = 1, 2, \ldots, d)$ は実数の定数である. ベクトルを用いて (1.3.7) を書き直すと, 次のようになる.

$$
\boldsymbol{x} = s_1 \begin{pmatrix} c_{11} \\ \vdots \\ c_{r1} \\ 1 \\ 0 \\ 0 \\ \vdots \\ 0 \end{pmatrix} + s_2 \begin{pmatrix} c_{12} \\ \vdots \\ c_{r2} \\ 0 \\ 1 \\ 0 \\ \vdots \\ 0 \end{pmatrix} + \cdots + s_d \begin{pmatrix} c_{1d} \\ \vdots \\ c_{rd} \\ 0 \\ 0 \\ \vdots \\ 0 \\ 1 \end{pmatrix} \tag{1.3.8}
$$

つまり,

$$
\boldsymbol{v}_1 = \begin{pmatrix} c_{11} \\ \vdots \\ c_{r1} \\ 1 \\ 0 \\ 0 \\ \vdots \\ 0 \end{pmatrix}, \quad \boldsymbol{v}_2 = \begin{pmatrix} c_{12} \\ \vdots \\ c_{r2} \\ 0 \\ 1 \\ 0 \\ \vdots \\ 0 \end{pmatrix}, \quad \ldots, \quad \boldsymbol{v}_d = \begin{pmatrix} c_{1d} \\ \vdots \\ c_{rd} \\ 0 \\ 0 \\ \vdots \\ 0 \\ 1 \end{pmatrix} \tag{1.3.9}
$$

とおくと, $A\boldsymbol{x} = \boldsymbol{0}$ の解空間は, $\boldsymbol{v}_1, \boldsymbol{v}_2, \ldots, \boldsymbol{v}_d$ の 1 次結合全体の集合に等しい. 特に, $\operatorname{rank} A < n$ ならば, $A\boldsymbol{x} = \boldsymbol{0}$ の解は $\boldsymbol{x} = \boldsymbol{0}$ のほかにも存在する. □

$\operatorname{rank} A$ は A の行の個数以下であるから, 直ちに次の系が得られる.

系 1.3.4 A が $m \times n$ 行列で, $m < n$ のとき, 同次連立 1 次方程式 $A\boldsymbol{x} = \boldsymbol{0}$ は $\boldsymbol{x} = \boldsymbol{0}$ 以外にも解をもつ. □

1.3.4 同次連立 1 次方程式の基本解
定理 1.3.3 の証明の [2] で展開した議論にはまだ続きがある.

まず，(1.3.9) の d 個のベクトルは，1 つ 1 つが $A\boldsymbol{x} = \boldsymbol{0}$ の解になっていることに注意する．実際，(1.3.7) あるいは (1.3.8) の右辺において，$s_1, s_2, \ldots, s_d$ のうち s_1 だけを 1 とおき，残りを全部 0 とおくと解 $\boldsymbol{v}_1$ が得られる．また，s_2 だけを 1 とおき，残りを全部 0 とおくと解 $\boldsymbol{v}_2$ が得られる，という具合である．

次に，(1.3.7) あるいは (1.3.8) の右辺の形から明らかなように，

$$(s_1, s_2, \ldots, s_d) \neq (s_1', s_2', \ldots, s_d')$$

ならば　$s_1\boldsymbol{v}_1 + s_2\boldsymbol{v}_2 + \cdots + s_d\boldsymbol{v}_d \neq s_1'\boldsymbol{v}_1 + s_2'\boldsymbol{v}_2 + \cdots + s_d'\boldsymbol{v}_d$

である．

A の簡約化が (1.3.6) の形でない場合でも，段差のない列に対応する d 個の未知数のうち 1 つだけを 1 とおき，残りを 0 とおくことで d 個の解が得られるから，それらを $\boldsymbol{v}_1, \boldsymbol{v}_2, \ldots, \boldsymbol{v}_d$ とすれば，やはり直前に述べたことが成り立つ．

以上のことをまとめると，次の定理が得られる．

定理 **1.3.5**　A を $m \times n$ 行列とする．また，$\operatorname{rank} A < n$ とし，$d = n - \operatorname{rank} A$ とおく．このとき，同次連立 1 次方程式 $A\boldsymbol{x} = \boldsymbol{0}$ の d 個の解 $\boldsymbol{v}_1, \boldsymbol{v}_2, \ldots, \boldsymbol{v}_d$ を上に述べた方法で定めると，$A\boldsymbol{x} = \boldsymbol{0}$ の任意の解は

$$\boldsymbol{x} = s_1\boldsymbol{v}_1 + s_2\boldsymbol{v}_2 + \cdots + s_d\boldsymbol{v}_d \quad (s_1, s_2, \ldots, s_d \in \mathbf{R}) \tag{1.3.10}$$

の形にただ 1 通りに表される．　　　　　　　　　　　　　　　　　　　□

e 個のベクトル $\boldsymbol{w}_1, \boldsymbol{w}_2, \ldots, \boldsymbol{w}_e$ はそれぞれ同次連立 1 次方程式 $A\boldsymbol{x} = \boldsymbol{0}$ の解であるとする．また，$A\boldsymbol{x} = \boldsymbol{0}$ の任意の解が，これら e 個の解を用いて次の形にただ 1 通りに表されるとする．

$$\boldsymbol{x} = t_1\boldsymbol{w}_1 + t_2\boldsymbol{w}_2 + \cdots + t_e\boldsymbol{w}_e \quad (t_1, t_2, \ldots, t_e \in \mathbf{R})$$

このとき，e 個の解の組 $\boldsymbol{w}_1, \boldsymbol{w}_2, \ldots, \boldsymbol{w}_e$ を $A\boldsymbol{x} = \boldsymbol{0}$ の基本解もしくは基底解と呼ぶ．たとえば，上で定めた d 個の解 $\boldsymbol{v}_1, \boldsymbol{v}_2, \ldots, \boldsymbol{v}_d$ からなる組は，定理 1.3.5 により $A\boldsymbol{x} = \boldsymbol{0}$ の基本解である．

例 **1.3.7** $A = (1 \quad -2 \quad 1)$ とおく $(1 \times 3$ 行列$)$. このとき $d = 3 - 1 = 2$ であり, 上に述べた手順に従って $x_2 = s_1$, $x_3 = s_2$ とおくと, 同次 1 次方程式 $A\boldsymbol{x} = \boldsymbol{0}$ の基本解 $\boldsymbol{v}_1$, $\boldsymbol{v}_2$ が得られる. 具体的には,

$$\boldsymbol{v}_1 = \begin{pmatrix} 2 \\ 1 \\ 0 \end{pmatrix}, \quad \boldsymbol{v}_2 = \begin{pmatrix} -1 \\ 0 \\ 1 \end{pmatrix}$$

である. 一方, $A\boldsymbol{x} = \boldsymbol{0}$ は, $x_1 = t_1$, $x_2 = t_2$ とおいて解くこともできる. この場合, $x_1 = 1$, $x_2 = 0$ とおいて得られる解および $x_1 = 0$, $x_2 = 1$ とおいて得られる解をそれぞれ $\boldsymbol{w}_1$, $\boldsymbol{w}_2$ とおけば

$$\boldsymbol{w}_1 = \begin{pmatrix} 1 \\ 0 \\ -1 \end{pmatrix}, \quad \boldsymbol{w}_2 = \begin{pmatrix} 0 \\ 1 \\ 2 \end{pmatrix}$$

であり, しかも $A\boldsymbol{x} = \boldsymbol{0}$ の任意の解は次の形にただ 1 通りに表される.

$$\boldsymbol{x} = t_1 \boldsymbol{w}_1 + t_2 \boldsymbol{w}_2 \quad (t_1, t_2 \in \mathbf{R})$$

よって, 2 つの解の組 $\boldsymbol{w}_1$, $\boldsymbol{w}_2$ もやはり $A\boldsymbol{x} = \boldsymbol{0}$ の基本解である. ∎

定理 1.3.6 A, d は定理 1.3.5 のとおりとする. このとき, e 個のベクトルの組 $\boldsymbol{w}_1$, $\boldsymbol{w}_2$, ..., $\boldsymbol{w}_e$ が同次連立 1 次方程式 $A\boldsymbol{x} = \boldsymbol{0}$ の基本解ならば, $e = d$ である.

証明 明らかに, 解 $\boldsymbol{x} = \boldsymbol{0}$ は $\boldsymbol{w}_1$, $\boldsymbol{w}_2$, ..., $\boldsymbol{w}_e$ を用いて

$$\boldsymbol{0} = 0\boldsymbol{w}_1 + 0\boldsymbol{w}_2 + \cdots + 0\boldsymbol{w}_e$$

と表せる. しかも, 基本解の定義から, $\boldsymbol{w}_1$, $\boldsymbol{w}_2$, ..., $\boldsymbol{w}_e$ を用いて $\boldsymbol{0}$ を表す仕方はこれ以外にはない. つまり,

$$\boldsymbol{0} = t_1 \boldsymbol{w}_1 + t_2 \boldsymbol{w}_2 + \cdots + t_e \boldsymbol{w}_e$$

となるのは $t_1 = t_2 = \cdots = t_e = 0$ のときに限る. このことは, $n \times e$ 行列 W を $W = (\boldsymbol{w}_1 \quad \boldsymbol{w}_2 \quad \cdots \quad \boldsymbol{w}_e)$ と定めて補題 1.3.1 を用いると, $W\boldsymbol{t} = \boldsymbol{0}$ となるの

は $\boldsymbol{t} = \boldsymbol{0}$ のときしかない，と言い換えられる (したがって，W を係数行列とする同次連立1次方程式 $W\boldsymbol{t} = \boldsymbol{0}$ に対して定理 1.3.3 を適用すると，$\operatorname{rank} W = e$ であることもわかる).

さて，d 個のベクトルの組 $\boldsymbol{v}_1, \boldsymbol{v}_2, \ldots, \boldsymbol{v}_d$ を定理 1.3.5 で扱った基本解とし，$n \times d$ 行列 V を $V = (\boldsymbol{v}_1 \quad \boldsymbol{v}_2 \quad \cdots \quad \boldsymbol{v}_d)$ と定める．e 個のベクトル $\boldsymbol{w}_1, \boldsymbol{w}_2, \ldots, \boldsymbol{w}_e$ は，1つ1つが同次連立1次方程式 $A\boldsymbol{x} = \boldsymbol{0}$ の解であるから，基本解 $\boldsymbol{v}_1, \boldsymbol{v}_2, \ldots, \boldsymbol{v}_d$ を用いてそれぞれ次の形に表される.

$$\begin{cases} \boldsymbol{w}_1 = p_{11}\boldsymbol{v}_1 + p_{21}\boldsymbol{v}_2 + \cdots + p_{d1}\boldsymbol{v}_d \\ \boldsymbol{w}_2 = p_{12}\boldsymbol{v}_1 + p_{22}\boldsymbol{v}_2 + \cdots + p_{d2}\boldsymbol{v}_d \\ \quad\quad \cdots\cdots \\ \boldsymbol{w}_e = p_{1e}\boldsymbol{v}_1 + p_{2e}\boldsymbol{v}_2 + \cdots + p_{de}\boldsymbol{v}_d \end{cases} \quad (p_{11}, \ldots, p_{de} \in \mathbf{R})$$

よって，$d \times e$ 行列 P を

$$P = \begin{pmatrix} p_{11} & p_{12} & \cdots & p_{1e} \\ p_{21} & p_{22} & \cdots & p_{2e} \\ \vdots & \vdots & \ddots & \vdots \\ p_{d1} & p_{d2} & \cdots & p_{de} \end{pmatrix}$$

と定めれば，補題 1.3.2 により

$$W = VP$$

となる．$\operatorname{rank} P = e$ であることを示そう．定理 1.3.3 から，$P\boldsymbol{t} = \boldsymbol{0}$ となるのは $\boldsymbol{t} = \boldsymbol{0}$ のときだけであることをいえばよい．そこで，ある $\boldsymbol{t}$ に対して $P\boldsymbol{t} = \boldsymbol{0}$ であるとする．このとき

$$W\boldsymbol{t} = (VP)\boldsymbol{t} = V(P\boldsymbol{t}) = V\boldsymbol{0} = \boldsymbol{0}$$

となるが，ベクトルの組 $\boldsymbol{w}_1, \boldsymbol{w}_2, \ldots, \boldsymbol{w}_e$ は $A\boldsymbol{x} = \boldsymbol{0}$ の基本解であるから，先述のとおり $W\boldsymbol{t} = \boldsymbol{0}$ となるのは $\boldsymbol{t} = \boldsymbol{0}$ 以外にない．ゆえに，$\operatorname{rank} P = e$ である．すると，$\operatorname{rank} P$ は P の行の個数以下であるから，$e \leqq d$ となる．同様の論法を2組の基本解の役割を入れ換えて行うと，ある $e \times d$ 行列 Q により

$$V = WQ$$

と表され, かつ, $\mathrm{rank}\, Q = d$ であることが示せるから, $d \leqq e$ となる. よって, $e = d$ でなければならない. □

　同次連立 1 次方程式 $A\boldsymbol{x} = \boldsymbol{0}$ が d 個のベクトルの組からなる基本解をもつとき, この d を $A\boldsymbol{x} = \boldsymbol{0}$ の解空間の次元と呼ぶ. 定理 1.3.6 により, これは基本解の構成法によらずに定まる量である.

　定理 1.3.6 の証明の中ですでに述べたように, ベクトルの組 $\boldsymbol{w}_1, \boldsymbol{w}_2, \ldots, \boldsymbol{w}_d$ が $A\boldsymbol{x} = \boldsymbol{0}$ の基本解ならば, $\mathrm{rank}\, W = d$ である. 実は, この逆も示せる. すなわち, 次の定理が成り立つ.

定理 1.3.7 A, d は定理 1.3.5 のとおりとする. d 個のベクトル $\boldsymbol{w}_1, \boldsymbol{w}_2, \ldots,$ $\boldsymbol{w}_d$ をそれぞれ $A\boldsymbol{x} = \boldsymbol{0}$ の解とし, $n \times d$ 行列 W を

$$W = (\boldsymbol{w}_1 \quad \boldsymbol{w}_2 \quad \cdots \quad \boldsymbol{w}_d)$$

と定める. このとき, ベクトルの組 $\boldsymbol{w}_1, \boldsymbol{w}_2, \ldots, \boldsymbol{w}_d$ が $A\boldsymbol{x} = \boldsymbol{0}$ の基本解であるための必要十分条件は $\mathrm{rank}\, W = d$ となることである.

証明 証明すべきこととして残っているのは, $\mathrm{rank}\, W = d$ ならばベクトルの組 $\boldsymbol{w}_1, \boldsymbol{w}_2, \ldots, \boldsymbol{w}_d$ が $A\boldsymbol{x} = \boldsymbol{0}$ の基本解となることを示す部分である. そこで, $\mathrm{rank}\, W = d$ とする. d 個のベクトルの組 $\boldsymbol{v}_1, \boldsymbol{v}_2, \ldots, \boldsymbol{v}_d$ を定理 1.3.5 で扱った基本解とすれば, d 個の解 $\boldsymbol{w}_1, \boldsymbol{w}_2, \ldots, \boldsymbol{w}_d$ はそれぞれ次の形に表される.

$$\begin{cases} \boldsymbol{w}_1 = p_{11}\boldsymbol{v}_1 + p_{21}\boldsymbol{v}_2 + \cdots + p_{d1}\boldsymbol{v}_d \\ \boldsymbol{w}_2 = p_{12}\boldsymbol{v}_1 + p_{22}\boldsymbol{v}_2 + \cdots + p_{d2}\boldsymbol{v}_d \\ \qquad \cdots\cdots \\ \boldsymbol{w}_d = p_{1d}\boldsymbol{v}_1 + p_{2d}\boldsymbol{v}_2 + \cdots + p_{dd}\boldsymbol{v}_d \end{cases} \quad (p_{11}, \ldots, p_{dd} \in \mathbf{R})$$

つまり, $n \times d$ 行列 V を $V = (\boldsymbol{v}_1 \quad \boldsymbol{v}_2 \quad \cdots \quad \boldsymbol{v}_d)$ と定めると, ある d 次正方行列 P により $W = VP$ と表される. すると, 定理 1.3.6 の証明と同じ議論により $\mathrm{rank}\, P = d$ が導かれるから P は正則で, したがって $V = WP^{-1}$ が成り立つ.

　さて, $A\boldsymbol{x} = \boldsymbol{0}$ の任意の解は (1.3.10) の形に表されるが, これは, 補題 1.3.1 および今述べたことから,

$$\boldsymbol{x} = V\boldsymbol{s} = (WP^{-1})\boldsymbol{s} = W(P^{-1}\boldsymbol{s}) \quad (\boldsymbol{s} \text{ は } d \text{ 次列ベクトル})$$

と書き直される. よって, $A\boldsymbol{x} = \boldsymbol{0}$ の任意の解は $\boldsymbol{x} = W\boldsymbol{t}$ ($\boldsymbol{t}$ は d 次列ベクトル) の形に表される ($P^{-1}\boldsymbol{s}$ は d 次列ベクトルであることに注意). 次に, d 次列ベクトル $\boldsymbol{t}$, $\boldsymbol{t}'$ に対して $W\boldsymbol{t} = W\boldsymbol{t}'$ であるとする. このとき

$$\boldsymbol{0} = W\boldsymbol{t} - W\boldsymbol{t}' = W(\boldsymbol{t} - \boldsymbol{t}')$$

で, W は階数 d の $n \times d$ 行列であるから, 定理 1.3.3 により $\boldsymbol{t} = \boldsymbol{t}'$ でなければならない. よって, $\boldsymbol{t} \neq \boldsymbol{t}'$ ならば $W\boldsymbol{t} \neq W\boldsymbol{t}'$ である. 以上のことと補題 1.3.1 から, $A\boldsymbol{x} = \boldsymbol{0}$ の任意の解は

$$\boldsymbol{x} = t_1\boldsymbol{w}_1 + t_2\boldsymbol{w}_2 + \cdots + t_e\boldsymbol{w}_d \quad (t_1, t_2, \ldots, t_d \in \mathbf{R})$$

の形にただ1通りに表されることがわかる. これが示すべきことであった. □

1.3.5　基本解の変換行列

引き続き, A, d は定理 1.3.5 のとおりとする.

定理 1.3.8　ベクトルの組 $\boldsymbol{w}_1, \boldsymbol{w}_2, \ldots, \boldsymbol{w}_d$ は $A\boldsymbol{x} = \boldsymbol{0}$ の基本解であるとする. また, d 個のベクトル $\boldsymbol{w}'_1, \boldsymbol{w}'_2, \ldots, \boldsymbol{w}'_d$ はそれぞれ $A\boldsymbol{x} = \boldsymbol{0}$ の解であるとする. さらに, 2つの $n \times d$ 行列 W, W' を

$$W = (\boldsymbol{w}_1 \quad \boldsymbol{w}_2 \quad \cdots \quad \boldsymbol{w}_d), \quad W' = (\boldsymbol{w}'_1 \quad \boldsymbol{w}'_2 \quad \cdots \quad \boldsymbol{w}'_d)$$

と定める. このとき, ベクトルの組 $\boldsymbol{w}'_1, \boldsymbol{w}'_2, \ldots, \boldsymbol{w}'_d$ が $A\boldsymbol{x} = \boldsymbol{0}$ の基本解であるための必要十分条件は, ある d 次正則行列 P により

$$W' = WP \tag{1.3.11}$$

が成り立つことである.

証明　ベクトルの組 $\boldsymbol{w}'_1, \boldsymbol{w}'_2, \ldots, \boldsymbol{w}'_d$ が $A\boldsymbol{x} = \boldsymbol{0}$ の基本解であれば, 定理 1.3.6 の証明と同様の議論から, ある d 次正則行列 P により (1.3.11) が成り立つ.

逆に, ある d 次正則行列 P により (1.3.11) が成り立つとする. 定理 1.3.7 から, 証明を完結させるには, $\operatorname{rank} W' = d$ であることを示せばよい. そこで, ある $\boldsymbol{t}$ に対して $W'\boldsymbol{t} = \boldsymbol{0}$ であるとする. このとき $W(P\boldsymbol{t}) = \boldsymbol{0}$ で, W は階数 d の $n \times d$ 行列であるから, 定理 1.3.3 により $P\boldsymbol{t} = \boldsymbol{0}$ となる. P は正則であるから, これより $\boldsymbol{t} = \boldsymbol{0}$ を得る. したがって, 定理 1.3.3 から, $\operatorname{rank} W' = d$ である. □

(1.3.11) の行列 P を，基本解 $\boldsymbol{w}_1, \boldsymbol{w}_2, \ldots, \boldsymbol{w}_d$ から基本解 $\boldsymbol{w}'_1, \boldsymbol{w}'_2, \ldots, \boldsymbol{w}'_d$ への変換行列と呼ぶ．

例 1.3.8 例 1.3.7 の 2 組の基本解 $\boldsymbol{v}_1, \boldsymbol{v}_2$ および $\boldsymbol{w}_1, \boldsymbol{w}_2$ について，

$$\begin{cases} \boldsymbol{w}_1 = \phantom{\boldsymbol{v}_1 +} -1\boldsymbol{v}_2 \\ \boldsymbol{w}_2 = \boldsymbol{v}_1 + 2\boldsymbol{v}_2 \end{cases}$$

が成り立つ．よって，基本解 $\boldsymbol{v}_1, \boldsymbol{v}_2$ から基本解 $\boldsymbol{w}_1, \boldsymbol{w}_2$ への変換行列 P は

$$P = \begin{pmatrix} 0 & 1 \\ -1 & 2 \end{pmatrix}$$

である． ■

1.3.6 ベクトルの 1 次独立と 1 次従属

$t_1, t_2, \ldots, t_d$ を実数とする．d 個の n 次列ベクトルの組 $\boldsymbol{w}_1, \boldsymbol{w}_2, \ldots, \boldsymbol{w}_d$ が **1 次独立** (正確には，$\mathbf{R}$ 上 1 次独立) であるとは，等式

$$t_1\boldsymbol{w}_1 + t_2\boldsymbol{w}_2 + \cdots + t_d\boldsymbol{w}_d = \boldsymbol{0} \tag{1.3.12}$$

が成り立つのが $t_1 = t_2 = \cdots = t_d = 0$ のときに限ることをいう．1 次独立でないときは，**1 次従属**であるという．$n \times d$ 行列 W および d 次列ベクトル $\boldsymbol{t}$ を

$$W = (\boldsymbol{w}_1 \quad \boldsymbol{w}_2 \quad \cdots \quad \boldsymbol{w}_d), \qquad \boldsymbol{t} = \begin{pmatrix} t_1 \\ t_2 \\ \vdots \\ t_d \end{pmatrix}$$

と定めると，補題 1.3.1 により (1.3.12) の左辺は $W\boldsymbol{t}$ に等しいから，定理 1.3.3 により

ベクトルの組 $\boldsymbol{w}_1, \boldsymbol{w}_2, \ldots, \boldsymbol{w}_d$ が 1 次独立 $\iff$ rank $W = d$

が成り立つ．これより，ベクトルに関することをしばしばベクトルのことばだけで言い表すことができるようになる．たとえば，定理 1.3.7 の主張は次のように言い換えられる．

定理 1.3.9 *A, d* は定理 1.3.5 のとおりとし，*d* 個のベクトル $\boldsymbol{w}_1, \boldsymbol{w}_2, \ldots, \boldsymbol{w}_d$ をそれぞれ $A\boldsymbol{x} = \boldsymbol{0}$ の解とする．このとき，ベクトルの組 $\boldsymbol{w}_1, \boldsymbol{w}_2, \ldots, \boldsymbol{w}_d$ が $A\boldsymbol{x} = \boldsymbol{0}$ の基本解であるための必要十分条件は，ベクトルの組 $\boldsymbol{w}_1, \boldsymbol{w}_2, \ldots, \boldsymbol{w}_d$ が 1 次独立となることである． □

1.4 行列の積と階数

1.4.1 行列の積と階数

A, B をそれぞれ $l \times m$ 行列，$m \times n$ 行列とする．本項では，$\operatorname{rank} A$, $\operatorname{rank} B$, および $\operatorname{rank} AB$ の間に成り立つ関係を調べる．

命題 1.4.1 *A, B* をそれぞれ $l \times m$ 行列，$m \times n$ 行列とすると，

$$\operatorname{rank} AB \leqq \operatorname{rank} A$$

が成り立つ．

証明 $r = \operatorname{rank} A$ とおく．まず，$r = l$ であるとする．AB は $l \times n$ 行列であるから，この場合は $\operatorname{rank} AB \leqq l = r$ となって主張が成り立つ．

次に，$r < l$ であるとする．A の簡約化は，命題 1.2.7 によりある l 次正則行列 G を用いて GA と書ける．GA は，第 $r+1$ 行から第 l 行まで $\boldsymbol{0}$ となる．また，$G(AB) = (GA)B$ であるから，命題 1.1.4 により $G(AB)$ も第 $r+1$ 行から第 l 行まで $\boldsymbol{0}$ となる．このことは，AB を簡約化する過程で少なくとも $l-r$ 個の行が $\boldsymbol{0}$ となることを意味する．

$$AB \xrightarrow[\text{行基本変形}]{\text{いくつかの}} G(AB) = \left(\begin{array}{c} A' \\ \hline O_{(l-r) \times n} \end{array} \right) \begin{array}{l} \} r \\ \} l-r \end{array}$$

よって，最終的に AB が簡約化されたとき，少なくとも $l-r$ 個の行が $\boldsymbol{0}$ となるから，

$$\operatorname{rank} AB \leq l - (l-r) = r = \operatorname{rank} A$$

である． □

命題 1.4.1 を用いると，次の命題を示すことができる.

命題 1.4.2 A, B はそれぞれ $l \times m$ 行列，$m \times n$ 行列で，かつ $AB = O$ とする．このとき，

$$\operatorname{rank} A + \operatorname{rank} B \leqq m$$

が成り立つ.

証明 B の列分割表示を $B = (\boldsymbol{b}_1 \quad \boldsymbol{b}_2 \quad \cdots \quad \boldsymbol{b}_n)$ とすると，$AB = O$ であることおよび命題 1.1.6 により，

$$A\boldsymbol{b}_1 = \boldsymbol{0}, \quad A\boldsymbol{b}_2 = \boldsymbol{0}, \quad \ldots, \quad A\boldsymbol{b}_n = \boldsymbol{0}$$

となる．言い換えれば，n 個のベクトル $\boldsymbol{b}_1, \boldsymbol{b}_2, \ldots, \boldsymbol{b}_n$ はそれぞれ同次連立 1 次方程式 $A\boldsymbol{x} = \boldsymbol{0}$ の解である．以下，2 つの場合に分けて考える.

まず，$\operatorname{rank} A = m$ であるとする．このとき，定理 1.3.3 により $A\boldsymbol{x} = \boldsymbol{0}$ の解は $\boldsymbol{x} = \boldsymbol{0}$ だけであるから，$\boldsymbol{b}_1, \boldsymbol{b}_2, \ldots, \boldsymbol{b}_n$ はすべて $\boldsymbol{0}$ に等しい．したがって，$B = O$ となるから $\operatorname{rank} B = 0$ である．よって，この場合，主張は成り立つ.

次に，$\operatorname{rank} A < m$ であるとし，$d = m - \operatorname{rank} A$ とおく．このとき，$\boldsymbol{v}_1, \boldsymbol{v}_2, \ldots, \boldsymbol{v}_d$ を $A\boldsymbol{x} = \boldsymbol{0}$ の 1 組の基本解とすれば，$\boldsymbol{b}_1, \boldsymbol{b}_2, \ldots, \boldsymbol{b}_n$ はそれぞれ次の形に表される.

$$\begin{cases} \boldsymbol{b}_1 = s_{11}\boldsymbol{v}_1 + s_{21}\boldsymbol{v}_2 + \cdots + s_{d1}\boldsymbol{v}_d \\ \boldsymbol{b}_2 = s_{12}\boldsymbol{v}_1 + s_{22}\boldsymbol{v}_2 + \cdots + s_{d2}\boldsymbol{v}_d \\ \qquad \cdots\cdots \\ \boldsymbol{b}_n = s_{1n}\boldsymbol{v}_1 + s_{2n}\boldsymbol{v}_2 + \cdots + s_{dn}\boldsymbol{v}_d \end{cases} \quad (s_{11}, \ldots, s_{dn} \in \mathbf{R})$$

つまり，

$$V = (\boldsymbol{v}_1 \quad \boldsymbol{v}_2 \quad \cdots \quad \boldsymbol{v}_d) \quad \text{および} \quad S = \begin{pmatrix} s_{11} & s_{12} & \cdots & s_{1n} \\ s_{21} & s_{22} & \cdots & s_{2n} \\ \vdots & \vdots & \ddots & \vdots \\ s_{d1} & s_{d2} & \cdots & s_{dn} \end{pmatrix}$$

とおくと，補題 1.3.2 により

$$B = VS$$

が成り立つ．すると，命題 1.4.1 により $\operatorname{rank} B \leqq \operatorname{rank} V = d$ となるから，

$$\operatorname{rank} A + \operatorname{rank} B \leqq \operatorname{rank} A + d = m$$

である． $\square$

例 1.4.1 A を 3 次正方行列とする．このとき，もし $A^2 = O$ ならば，命題 1.4.2 により $\operatorname{rank} A \leqq 1$ でなければならない．したがって，もし $\operatorname{rank} A = 2$ ならば $A^2 \neq O$ である． ■

次に，$\operatorname{rank} AB \leqq \operatorname{rank} B$ も成り立つことを示そう．まず補題を用意する (この補題は，実質的には定理 1.3.6 の証明の中ですでに示されている)．

補題 1.4.3 A, B をそれぞれ $l \times m$ 行列，$m \times n$ 行列とし，$C = AB$ とおく．このとき，$\operatorname{rank} C = n$ ならば $\operatorname{rank} B = n$ である．

証明 B は $m \times n$ 行列であるから，$\operatorname{rank} B = n$ であることを示すには，定理 1.3.3 により $B\boldsymbol{x} = \boldsymbol{0}$ の解が $\boldsymbol{x} = \boldsymbol{0}$ だけであることをいえばよい．そこで，ある $\boldsymbol{x}$ に対して $B\boldsymbol{x} = \boldsymbol{0}$ であるとしよう．すると，この $\boldsymbol{x}$ に対して

$$C\boldsymbol{x} = (AB)\boldsymbol{x} = A(B\boldsymbol{x}) = A\boldsymbol{0} = \boldsymbol{0}$$

となるが，C は $l \times n$ 行列で，しかも $\operatorname{rank} C = n$ であるから，定理 1.3.3 により $\boldsymbol{x} = \boldsymbol{0}$ でなければならない．ゆえに，$\operatorname{rank} B = n$ である． $\square$

命題 1.4.4 A, B をそれぞれ $l \times m$ 行列，$m \times n$ 行列とすると，

$$\operatorname{rank} AB \leqq \operatorname{rank} B$$

が成り立つ．

証明 $C = AB$ とおく．C は $l \times n$ 行列であるから，$\operatorname{rank} C \leqq n$ となる．よって，$\operatorname{rank} B = n$ のときは明らかに主張が成り立つ．

以下，$\operatorname{rank} B < n$ とし，$d = n - \operatorname{rank} B$，$e = n - \operatorname{rank} C$ とおく．同次連立 1 次方程式 $B\boldsymbol{x} = \boldsymbol{0}$ の解は，同次連立 1 次方程式 $C\boldsymbol{x} = \boldsymbol{0}$ の解でもある．特に，

$\boldsymbol{v}_1, \boldsymbol{v}_2, \ldots, \boldsymbol{v}_d$ を $B\boldsymbol{x} = \boldsymbol{0}$ の 1 組の基本解とすると，この基本解を構成する d 個の各ベクトルは $C\boldsymbol{x} = \boldsymbol{0}$ の解でもある．よって，$\boldsymbol{w}_1, \boldsymbol{w}_2, \ldots, \boldsymbol{w}_e$ を $C\boldsymbol{x} = \boldsymbol{0}$ の 1 組の基本解とすると，$\boldsymbol{v}_1, \boldsymbol{v}_2, \ldots, \boldsymbol{v}_d$ はそれぞれ次の形に表される．

$$\begin{cases} \boldsymbol{v}_1 = s_{11}\boldsymbol{w}_1 + s_{21}\boldsymbol{w}_2 + \cdots + s_{e1}\boldsymbol{w}_e \\ \boldsymbol{v}_2 = s_{12}\boldsymbol{w}_1 + s_{22}\boldsymbol{w}_2 + \cdots + s_{e2}\boldsymbol{w}_e \\ \qquad \cdots\cdots \\ \boldsymbol{v}_d = s_{1d}\boldsymbol{w}_1 + s_{2d}\boldsymbol{w}_2 + \cdots + s_{ed}\boldsymbol{w}_e \end{cases} \quad (s_{11}, \ldots, s_{ed} \in \mathbf{R})$$

つまり，$V = (\boldsymbol{v}_1 \quad \boldsymbol{v}_2 \quad \cdots \quad \boldsymbol{v}_d)$, $W = (\boldsymbol{w}_1 \quad \boldsymbol{w}_2 \quad \cdots \quad \boldsymbol{w}_e)$ および

$$S = \begin{pmatrix} s_{11} & s_{12} & \cdots & s_{1d} \\ s_{21} & s_{22} & \cdots & s_{2d} \\ \vdots & \vdots & \ddots & \vdots \\ s_{e1} & s_{e2} & \cdots & s_{ed} \end{pmatrix}$$

とおくと，補題 1.3.2 により

$$V = WS$$

が成り立つ．V は $n \times d$ 行列で，しかも $\operatorname{rank} V = d$ であるから，補題 1.4.3 により $\operatorname{rank} S = d$ となるが，行列の階数はその行列の行の個数以下であるから，$d \leqq e$ でなければならない．ゆえに，

$$\operatorname{rank} C = n - e \leqq n - d = \operatorname{rank} B$$

である． □

第2章　固有値と固有ベクトル

　この章では，固有値・固有ベクトルや，行列の変換について詳しく論じる．議論や記述を簡単にするため，実数の範囲で考えることにする．

2.1　固有値と固有ベクトル

2.1.1　固有値と固有ベクトルおよび固有多項式

　A を m 次正方行列とする．ある数 λ およびある m 次列ベクトル $\boldsymbol{p}$ (ただし，$\boldsymbol{p} \neq \boldsymbol{0}$) が，等式

$$A\boldsymbol{p} = \lambda\boldsymbol{p} \tag{2.1.1}$$

を満たすとき，λ を A の固有値，$\boldsymbol{p}$ を A の固有値 λ に属する固有ベクトルと呼ぶ．(2.1.1) は

$$(\lambda E_m - A)\boldsymbol{p} = \boldsymbol{0}$$

と書き直せるから，λ が A の固有値であるための必要十分条件は，同次連立1次方程式

$$(\lambda E_m - A)\boldsymbol{x} = \boldsymbol{0} \tag{2.1.2}$$

が $\boldsymbol{x} = \boldsymbol{0}$ 以外にも解をもつことである．このことは，定理 1.3.3 と定理 1.2.10 により，$\lambda E_m - A$ が正則ではないことと同値である．したがって，

$$\lambda \text{ が } A \text{ の固有値} \quad \Longleftrightarrow \quad |\lambda E_m - A| = 0$$

である．このことから，A の固有値をすべて求めるには，$|\lambda E_m - A| = 0$ となる数 λ をすべて決定すればよい．そのために，数 λ を変数 x に置き換えた行列式 $|x E_m - A|$ を考える．

例 **2.1.1** (1) $A = \begin{pmatrix} a & b \\ c & d \end{pmatrix}$ のとき,

$$|xE_2 - A| = \begin{vmatrix} x-a & -b \\ -c & x-d \end{vmatrix}$$
$$= (x-a)(x-d) - (-b)(-c)$$
$$= x^2 - (a+d)x + (ad-bc)$$

となる. 特に, $m=2$ のとき, $|xE_2 - A|$ は x の 2 次式である.

(2) $A = \begin{pmatrix} a_{11} & a_{12} & a_{13} \\ a_{21} & a_{22} & a_{23} \\ a_{31} & a_{32} & a_{33} \end{pmatrix}$ のとき,

$$|xE_3 - A| = \begin{vmatrix} x-a_{11} & -a_{12} & -a_{13} \\ -a_{21} & x-a_{22} & -a_{23} \\ -a_{31} & -a_{32} & x-a_{33} \end{vmatrix}$$
$$= (x-a_{11})\{(x-a_{22})(x-a_{33}) - (-a_{23})(-a_{32})\}$$
$$\quad - (-a_{21})\{(-a_{12})(x-a_{33}) - (-a_{13})(-a_{32})\}$$
$$\quad + (-a_{31})\{(-a_{12})(-a_{23}) - (-a_{13})(x-a_{22})\}$$
$$= x^3 - (a_{11}+a_{22}+a_{33})x^2 + (\Delta_{11}+\Delta_{22}+\Delta_{33})x - |A|$$

となる. ただし, Δ_{ij} は A から第 i 行と第 j 列を除去して得られる 2 次正方行列 A_{ij} の行列式で, $i=j$ の場合を具体的に記せば,

$$\Delta_{11} = |A_{11}| = a_{22}a_{33} - a_{23}a_{32},$$
$$\Delta_{22} = |A_{22}| = a_{11}a_{33} - a_{13}a_{31},$$
$$\Delta_{33} = |A_{33}| = a_{11}a_{22} - a_{12}a_{21}$$

である. 特に, $m=3$ のとき, $|xE_3 - A|$ は x の 3 次式である. ∎

例 **2.1.2** m 次上三角行列

$$A = \begin{pmatrix} a_{11} & a_{12} & \cdots & a_{1m} \\ & a_{22} & \cdots & a_{2m} \\ & & \ddots & \vdots \\ \Large{0} & & & a_{mm} \end{pmatrix}$$

に対して,

$$|xE_m - A| = (x - a_{11})(x - a_{22})\cdots(x - a_{mm})$$

である. 特に, $|xE_m - A|$ は x の m 次式で, λ が A の固有値であるための必要十分条件は, λ が A の対角成分のいずれかに一致することである. ∎

　一般に, A が m 次正方行列のとき, $|xE_m - A|$ は x の m 次式となる. この多項式を $\Phi_A(x)$ で表し, A の固有多項式あるいは特性多項式という. A の成分がすべて実数のとき, 固有多項式の係数もすべて実数となる.

　実数係数の多項式は, 複素数にまで数の範囲を拡げれば 1 次式の積に完全に分解する (代数学の基本定理) が, 実数の範囲では必ずしも 1 次式の積に分解するわけではない.

例 **2.1.3** $A = \begin{pmatrix} 2 & 1 \\ 2 & 3 \end{pmatrix}$, $B = \begin{pmatrix} 2 & 1 \\ 0 & 2 \end{pmatrix}$, $C = \begin{pmatrix} 0 & 1 \\ -1 & 0 \end{pmatrix}$ に対してそれぞれ固有多項式を求めてみると,

$$\begin{aligned} \Phi_A(x) &= \begin{vmatrix} x-2 & -1 \\ -2 & x-3 \end{vmatrix} = (x-2)(x-3) - (-1)(-2) \\ &= x^2 - 5x + 4 = (x-1)(x-4), \\ \Phi_B(x) &= \begin{vmatrix} x-2 & -1 \\ 0 & x-2 \end{vmatrix} = (x-2)^2 - (-1)\cdot 0 \\ &= (x-2)^2, \\ \Phi_C(x) &= \begin{vmatrix} x & -1 \\ 1 & x \end{vmatrix} = x^2 - (-1)\cdot 1 \\ &= x^2 + 1 \end{aligned}$$

となる. よって, $\Phi_A(x), \Phi_B(x)$ は実数の範囲で 1 次式の積に分解するが, $\Phi_C(x)$ はそうではない. ■

この章の初めから複素数の範囲で考えることにしておけば, 例 2.1.3 の C のような行列についても, この章で述べる固有値・固有ベクトルの議論がそのまま適用できる. ただし, 以下では, 議論の簡素化のため固有多項式が 実数の範囲で 1 次式の積に完全に分解するもののみ を扱う. 例 2.1.3 の 3 つの行列でいえば, A, B は考察の対象であるが, C は対象外である.

明らかに, 数 λ が A の固有値であるための必要十分条件は, $\Phi_A(\lambda) = 0$ となることである. よって, m 次正方行列の相異なる固有値の個数は m 以下である.

例 2.1.4 A, B を例 2.1.3 の 2 次正方行列とすると, A の固有値は 1 と 4 (2 つ) で, B の固有値は 2 のみ (1 つ) である. ■

2.1.2　固有空間

A を m 次正方行列とする. λ が A の固有値であるとき, 同次連立 1 次方程式 $(\lambda E_m - A)\boldsymbol{x} = \boldsymbol{0}$ の解空間を $W(A; \lambda)$ で表し, A の固有値 λ に対する固有空間と呼ぶ. $W(A; \lambda)$ は, A の固有値 λ に属するすべての固有ベクトルおよび $\boldsymbol{0}$ からなる集合である. また, $W(A; \lambda)$ の次元を, $\dim W(A; \lambda)$ で表す.

一般に, d 個の m 次列ベクトル $\boldsymbol{v}_1, \boldsymbol{v}_2, \ldots, \boldsymbol{v}_d$ に対して, これらの 1 次結合全体からなる集合, すなわち,

$$s_1\boldsymbol{v}_1 + s_2\boldsymbol{v}_2 + \cdots + s_d\boldsymbol{v}_d \quad (s_1, s_2, \ldots, s_d \in \mathbf{R})$$

の形に書けるベクトル全体からなる集合を, 記号

$$\langle \boldsymbol{v}_1, \boldsymbol{v}_2, \ldots, \boldsymbol{v}_d \rangle$$

で表す. よって, ベクトルの組 $\boldsymbol{v}_1, \boldsymbol{v}_2, \ldots, \boldsymbol{v}_d$ が $(\lambda E_m - A)\boldsymbol{x} = \boldsymbol{0}$ の基本解であれば,

$$W(A; \lambda) = \langle \boldsymbol{v}_1, \boldsymbol{v}_2, \ldots, \boldsymbol{v}_d \rangle$$

と書き表すことができる.

例 **2.1.5** A, B を例 2.1.3 の 2 次正方行列とする.

$$A = \begin{pmatrix} 2 & 1 \\ 2 & 3 \end{pmatrix}, \quad B = \begin{pmatrix} 2 & 1 \\ 0 & 2 \end{pmatrix}$$

(1) A の固有値は 1 と 4 であった. 各固有値に対する固有空間は次のとおりである.

$\underline{W(A;1)}$　同次連立 1 次方程式 $(E_2 - A)\boldsymbol{x} = \boldsymbol{0}$ を解くと,

$$E_2 - A = \begin{pmatrix} -1 & -1 \\ -2 & -2 \end{pmatrix} \longrightarrow \begin{pmatrix} 1 & 1 \\ 0 & 0 \end{pmatrix} \quad \text{より} \quad \boldsymbol{x} = s\begin{pmatrix} -1 \\ 1 \end{pmatrix} \quad (s \in \mathbf{R})$$

となるから, $W(A;1) = \left\langle \begin{pmatrix} -1 \\ 1 \end{pmatrix} \right\rangle$ である.

$\underline{W(A;4)}$　同次連立 1 次方程式 $(4E_2 - A)\boldsymbol{x} = \boldsymbol{0}$ を解くと,

$$4E_2 - A = \begin{pmatrix} 2 & -1 \\ -2 & 1 \end{pmatrix} \longrightarrow \begin{pmatrix} 1 & -1/2 \\ 0 & 0 \end{pmatrix} \quad \text{より} \quad \boldsymbol{x} = s\begin{pmatrix} 1 \\ 2 \end{pmatrix} \quad (s \in \mathbf{R})$$

となるから, $W(A;4) = \left\langle \begin{pmatrix} 1 \\ 2 \end{pmatrix} \right\rangle$ である.

(2) B の固有値は 2 のみであった. この固有値に対する固有空間は次のとおりである.

$\underline{W(B;2)}$　同次連立 1 次方程式 $(2E_2 - B)\boldsymbol{x} = \boldsymbol{0}$ を解くと,

$$2E_2 - B = \begin{pmatrix} 0 & -1 \\ 0 & 0 \end{pmatrix} \longrightarrow \begin{pmatrix} 0 & 1 \\ 0 & 0 \end{pmatrix} \quad \text{より} \quad \boldsymbol{x} = s\begin{pmatrix} 1 \\ 0 \end{pmatrix} \quad (s \in \mathbf{R})$$

となるから, $W(B;2) = \left\langle \begin{pmatrix} 1 \\ 0 \end{pmatrix} \right\rangle$ である. ∎

例 **2.1.6** $A = \begin{pmatrix} 1 & 1 & -1 \\ 2 & 0 & -1 \\ 2 & -2 & 1 \end{pmatrix}$ の各固有値に対する固有空間を求めてみよう.

計算の概略は以下のとおりである. まず, 固有多項式は

$$
\begin{aligned}
\Phi_A(x) &=
\begin{vmatrix}
x-1 & -1 & 1 \\
-2 & x & 1 \\
-2 & 2 & x-1
\end{vmatrix}
\overset{\mathrm{C}_{12}(1)}{=\!=}
\begin{vmatrix}
x-2 & -1 & 1 \\
x-2 & x & 1 \\
0 & 2 & x-1
\end{vmatrix} \\
&\overset{\mathrm{R}_{21}(-1)}{=\!=}
\begin{vmatrix}
x-2 & -1 & 1 \\
0 & x+1 & 0 \\
0 & 2 & x-1
\end{vmatrix}
= (x-2)
\begin{vmatrix}
x+1 & 0 \\
2 & x-1
\end{vmatrix} \\
&= (x+1)(x-1)(x-2)
\end{aligned}
$$

であるから, A の固有値は $-1, 1, 2$ (3つ) で, 各固有値に対する固有空間は,

$$
-E-A =
\begin{pmatrix}
-2 & -1 & 1 \\
-2 & -1 & 1 \\
-2 & 2 & -2
\end{pmatrix}
\longrightarrow
\begin{pmatrix}
1 & 0 & 0 \\
0 & 1 & -1 \\
0 & 0 & 0
\end{pmatrix}
\text{ より } W(A;-1) = \left\langle
\begin{pmatrix} 0 \\ 1 \\ 1 \end{pmatrix}
\right\rangle,
$$

$$
E-A =
\begin{pmatrix}
0 & -1 & 1 \\
-2 & 1 & 1 \\
-2 & 2 & 0
\end{pmatrix}
\longrightarrow
\begin{pmatrix}
1 & 0 & -1 \\
0 & 1 & -1 \\
0 & 0 & 0
\end{pmatrix}
\text{ より } W(A;1) = \left\langle
\begin{pmatrix} 1 \\ 1 \\ 1 \end{pmatrix}
\right\rangle,
$$

$$
2E-A =
\begin{pmatrix}
1 & -1 & 1 \\
-2 & 2 & 1 \\
-2 & 2 & 1
\end{pmatrix}
\longrightarrow
\begin{pmatrix}
1 & -1 & 0 \\
0 & 0 & 1 \\
0 & 0 & 0
\end{pmatrix}
\text{ より } W(A;2) = \left\langle
\begin{pmatrix} 1 \\ 1 \\ 0 \end{pmatrix}
\right\rangle
$$

となる. ■

例 **2.1.7** $A =
\begin{pmatrix}
3 & -2 & -2 \\
2 & -1 & -2 \\
2 & -2 & -1
\end{pmatrix}$ の固有多項式は

$$
\Phi_A(x) =
\begin{vmatrix}
x-3 & 2 & 2 \\
-2 & x+1 & 2 \\
-2 & 2 & x+1
\end{vmatrix}
\overset{\mathrm{C}_{12}(1)}{=\!=}
\begin{vmatrix}
x-1 & 2 & 2 \\
x-1 & x+1 & 2 \\
0 & 2 & x+1
\end{vmatrix}
$$

$$\overset{R_{21}(-1)}{=} \begin{vmatrix} x-1 & 2 & 2 \\ 0 & x-1 & 0 \\ 0 & 2 & x+1 \end{vmatrix} = (x-1) \begin{vmatrix} x-1 & 0 \\ 2 & x+1 \end{vmatrix}$$

$$= (x-1)^2(x+1)$$

であるから，A の固有値は 1 と -1 (2つ) で，各固有値に対する固有空間は，

$$E - A = \begin{pmatrix} -2 & 2 & 2 \\ -2 & 2 & 2 \\ -2 & 2 & 2 \end{pmatrix} \longrightarrow \begin{pmatrix} 1 & -1 & -1 \\ 0 & 0 & 0 \\ 0 & 0 & 0 \end{pmatrix} \text{ より } W(A;1) = \left\langle \begin{pmatrix} 1 \\ 1 \\ 0 \end{pmatrix}, \begin{pmatrix} 1 \\ 0 \\ 1 \end{pmatrix} \right\rangle,$$

$$-E - A = \begin{pmatrix} -4 & 2 & 2 \\ -2 & 0 & 2 \\ -2 & 2 & 0 \end{pmatrix} \longrightarrow \begin{pmatrix} 1 & 0 & -1 \\ 0 & 1 & -1 \\ 0 & 0 & 0 \end{pmatrix} \text{ より } W(A;-1) = \left\langle \begin{pmatrix} 1 \\ 1 \\ 1 \end{pmatrix} \right\rangle$$

となる. ∎

例 **2.1.8** $A = \begin{pmatrix} 4 & -5 & -3 \\ 2 & -3 & -2 \\ 1 & -1 & 0 \end{pmatrix}$ の固有多項式は

$$\Phi_A(x) = \begin{vmatrix} x-4 & 5 & 3 \\ -2 & x+3 & 2 \\ -1 & 1 & x \end{vmatrix} \overset{C_{12}(1)}{=} \begin{vmatrix} x+1 & 5 & 3 \\ x+1 & x+3 & 2 \\ 0 & 1 & x \end{vmatrix}$$

$$\overset{R_{21}(-1)}{=} \begin{vmatrix} x+1 & 5 & 3 \\ 0 & x-2 & -1 \\ 0 & 1 & x \end{vmatrix} = (x+1) \begin{vmatrix} x-2 & -1 \\ 1 & x \end{vmatrix}$$

$$= (x+1)(x^2 - 2x + 1) = (x+1)(x-1)^2$$

であるから，A の固有値は 1 と -1 (2つ) で，各固有値に対する固有空間は，

$$E - A = \begin{pmatrix} -3 & 5 & 3 \\ -2 & 4 & 2 \\ -1 & 1 & 1 \end{pmatrix} \longrightarrow \begin{pmatrix} 1 & 0 & -1 \\ 0 & 1 & 0 \\ 0 & 0 & 0 \end{pmatrix} \text{ より } W(A;1) = \left\langle \begin{pmatrix} 1 \\ 0 \\ 1 \end{pmatrix} \right\rangle,$$

$$-E - A = \begin{pmatrix} -5 & 5 & 3 \\ -2 & 2 & 2 \\ -1 & 1 & -1 \end{pmatrix} \longrightarrow \begin{pmatrix} 1 & -1 & 0 \\ 0 & 0 & 1 \\ 0 & 0 & 0 \end{pmatrix} \quad \text{より} \quad W(A; -1) = \left\langle \begin{pmatrix} 1 \\ 1 \\ 0 \end{pmatrix} \right\rangle$$

となる. ∎

問 題 2.1

1. 次の行列について，すべての固有値を求め，さらに各固有値に対する固有空間を求めよ.

(1) $\begin{pmatrix} 3 & 1 \\ -4 & -1 \end{pmatrix}$

(2) $\begin{pmatrix} 5 & -4 \\ 2 & -1 \end{pmatrix}$

(3) $\begin{pmatrix} 3 & 2 & -4 \\ 1 & 5 & -5 \\ 1 & 2 & -2 \end{pmatrix}$

(4) $\begin{pmatrix} 3 & 4 & -4 \\ -1 & -1 & 1 \\ 1 & 2 & -2 \end{pmatrix}$

(5) $\begin{pmatrix} -1 & 4 & 2 \\ -1 & 3 & 1 \\ -1 & 2 & 2 \end{pmatrix}$

(6) $\begin{pmatrix} 2 & -1 & -1 \\ 2 & -4 & -8 \\ -1 & 3 & 6 \end{pmatrix}$

(7) $\begin{pmatrix} 3 & 2 & 4 & -6 \\ -2 & -1 & -2 & 4 \\ 2 & 2 & 1 & -2 \\ 2 & 2 & 2 & -3 \end{pmatrix}$

(8) $\begin{pmatrix} -2 & -3 & 2 & 4 \\ 3 & 4 & -6 & -8 \\ -2 & -2 & 3 & 4 \\ 2 & 2 & -4 & -5 \end{pmatrix}$

2.2　行列の対角化可能性

2.2.1　行列の変換

A, B を m 次正方行列とする. このとき,

$$B = P^{-1}AP$$

となるような m 次正則行列 P が存在するならば，A は B に相似であるという．また，A は P によって B に変換されるともいい，P をその変換行列という．さまざまな場面において，正則行列 P を適切に選んで $P^{-1}AP$ を簡単な形にすることが重要になる．

例 **2.2.1**　$A = \begin{pmatrix} 2 & 1 \\ 2 & 3 \end{pmatrix}$ とする．正の整数 n に対して，A^n を求めてみよう．A の固有値は 1 と 4 で，$\boldsymbol{p}_1 = \begin{pmatrix} -1 \\ 1 \end{pmatrix}$, $\boldsymbol{p}_2 = \begin{pmatrix} 1 \\ 2 \end{pmatrix}$ はそれぞれ A の固有値 1, 4 に属する固有ベクトルである (例 2.1.3，例 2.1.5)．これらを用いて

$$P = (\boldsymbol{p}_1 \quad \boldsymbol{p}_2) = \begin{pmatrix} -1 & 1 \\ 1 & 2 \end{pmatrix}$$

と定めると，P は正則であることがすぐにわかる．しかも命題 1.1.6，補題 1.3.2 により

$$AP = (A\boldsymbol{p}_1 \quad A\boldsymbol{p}_2) = (\boldsymbol{p}_1 \quad 4\boldsymbol{p}_2) = P \begin{pmatrix} 1 & 0 \\ 0 & 4 \end{pmatrix}$$

である．よって，

$$P^{-1}AP = \begin{pmatrix} 1 & 0 \\ 0 & 4 \end{pmatrix}$$

となる．この両辺を n 乗すると

$$(P^{-1}AP)^n = \begin{pmatrix} 1 & 0 \\ 0 & 4^n \end{pmatrix}$$

であるが，$(P^{-1}AP)^n = P^{-1}A^nP$ だから，

$$A^n = P \begin{pmatrix} 1 & 0 \\ 0 & 4^n \end{pmatrix} P^{-1} = \begin{pmatrix} -1 & 1 \\ 1 & 2 \end{pmatrix} \begin{pmatrix} 1 & 0 \\ 0 & 4^n \end{pmatrix} \frac{1}{-3} \begin{pmatrix} 2 & -1 \\ -1 & -1 \end{pmatrix}$$

$$= \frac{1}{3} \begin{pmatrix} 4^n + 2 & 4^n - 1 \\ 2(4^n - 1) & 2 \cdot 4^n + 1 \end{pmatrix}$$

となる．∎

例 2.2.1 の行列 A および $P^{-1}AP$ はともに同じ固有多項式 $(x-1)(x-4)$ をもつ．一般に，変換後の行列はもとの行列と同じ固有多項式をもつことを示しておこう．

命題 2.2.1 A, B を m 次正方行列とする．このとき，A が B に相似ならば，

$$\Phi_A(x) = \Phi_B(x)$$

が成り立つ．

証明 仮定から，ある正則行列 P を用いて $B = P^{-1}AP$ と表せる．このとき，

$$xE_m - B = xE_m - P^{-1}AP = P^{-1}(xE_m - A)P$$

となるから，

$$\Phi_B(x) = |xE_m - B| = |P^{-1}| \cdot |xE_m - A| \cdot |P| = |xE_m - A| = \Phi_A(x)$$

である． $\square$

2.2.2 対角化可能な行列とそうではない行列の例

A を m 次正方行列とする．ある m 次正則行列 P に対して $P^{-1}AP$ が対角行列になるとき，この対角行列 $P^{-1}AP$ を A の対角化と呼ぶ．また，A の対角化を求めることを，A を対角化するという．

例 2.2.1 の計算過程で A をいったん対角化したが，その際に重要な役割を担ったのは，A の固有ベクトルである．もう少し詳しくいうと，A の固有ベクトルだけを使って正則行列 P を構成できたということである．この観点から，次の命題が得られる．

命題 2.2.2 A を m 次正方行列とする．もし A の m 個の固有ベクトルを各列にもつ m 次正則行列 P が存在するならば，A は P によって対角行列に変換される．しかも，このときの対角行列の対角成分は，すべて A の固有値である．

証明 P の列分割表示が $P = (\boldsymbol{p}_1 \quad \boldsymbol{p}_2 \quad \cdots \quad \boldsymbol{p}_m)$ で，かつ

$$A\boldsymbol{p}_1 = \lambda_1\boldsymbol{p}_1, \quad A\boldsymbol{p}_2 = \lambda_2\boldsymbol{p}_2, \quad \ldots, \quad A\boldsymbol{p}_m = \lambda_m\boldsymbol{p}_m$$

であるとする. このとき,

$$AP = (A\boldsymbol{p}_1 \quad A\boldsymbol{p}_2 \quad \cdots \quad A\boldsymbol{p}_m) = (\lambda_1\boldsymbol{p}_1 \quad \lambda_2\boldsymbol{p}_2 \quad \cdots \quad \lambda_m\boldsymbol{p}_m)$$

$$= P\begin{pmatrix} \lambda_1 & & & \\ & \lambda_2 & & \mathbf{0} \\ & & \ddots & \\ \mathbf{0} & & & \lambda_m \end{pmatrix}$$

であるから,

$$P^{-1}AP = \begin{pmatrix} \lambda_1 & & & \\ & \lambda_2 & & \mathbf{0} \\ & & \ddots & \\ \mathbf{0} & & & \lambda_m \end{pmatrix}$$

となる. □

例 **2.2.2**　$A = \begin{pmatrix} 2 & 1 \\ 0 & 2 \end{pmatrix}$ とおく (これは例 2.1.3, 例 2.1.5 で扱った行列 B である). $\Phi_A(x) = (x-2)^2$ だから, A の固有値は 2 だけである. ある 2 次正則行列 P を用いて

$$P^{-1}AP = \begin{pmatrix} \lambda & 0 \\ 0 & \mu \end{pmatrix}$$

と対角化されたとしよう. このとき $\Phi_{P^{-1}AP}(x) = (x-\lambda)(x-\mu)$ であるが, 命題 2.2.1 により $\Phi_{P^{-1}AP}(x) = \Phi_A(x)$ だから, $\lambda = \mu = 2$ でなければならない. つまり, $P^{-1}AP = 2E_2$ である. すると,

$$A = P(2E_2)P^{-1} = 2PE_2P^{-1} = 2PP^{-1} = 2E_2$$

となってしまい, 明白な矛盾が生じる. よって, この A は対角化することができない. ∎

例 2.2.2 から, 対角化できない行列があることがわかる. そこで, 対角化できる行列のことを, 対角化可能であると言い表す.

例 **2.2.3** 例 2.1.6 の 3 次正方行列 $A = \begin{pmatrix} 1 & 1 & -1 \\ 2 & 0 & -1 \\ 2 & -2 & 1 \end{pmatrix}$ の固有値は $-1, 1, 2$

で，各固有値に対する固有空間は

$$W(A;-1) = \left\langle \begin{pmatrix} 0 \\ 1 \\ 1 \end{pmatrix} \right\rangle, \qquad W(A;1) = \left\langle \begin{pmatrix} 1 \\ 1 \\ 1 \end{pmatrix} \right\rangle, \qquad W(A;2) = \left\langle \begin{pmatrix} 1 \\ 1 \\ 0 \end{pmatrix} \right\rangle$$

である．$W(A;-1), W(A;1), W(A;2)$ を表示する 3 つのベクトルを順に $\boldsymbol{p}_1, \boldsymbol{p}_2$,
$\boldsymbol{p}_3$ とおく．

$$\boldsymbol{p}_1 = \begin{pmatrix} 0 \\ 1 \\ 1 \end{pmatrix}, \qquad \boldsymbol{p}_2 = \begin{pmatrix} 1 \\ 1 \\ 1 \end{pmatrix}, \qquad \boldsymbol{p}_3 = \begin{pmatrix} 1 \\ 1 \\ 0 \end{pmatrix}$$

このとき，3 次正方行列 P を

$$P = (\boldsymbol{p}_1 \quad \boldsymbol{p}_2 \quad \boldsymbol{p}_3) = \begin{pmatrix} 0 & 1 & 1 \\ 1 & 1 & 1 \\ 1 & 1 & 0 \end{pmatrix}$$

と定めると，

$$AP = (A\boldsymbol{p}_1 \quad A\boldsymbol{p}_2 \quad A\boldsymbol{p}_3) = (-\boldsymbol{p}_1 \quad \boldsymbol{p}_2 \quad 2\boldsymbol{p}_3) = P \begin{pmatrix} -1 & 0 & 0 \\ 0 & 1 & 0 \\ 0 & 0 & 2 \end{pmatrix}.$$

しかも，P は正則である (このことは行列式が $|P| = 1 \neq 0$ であることから直接
確かめられる．後に，もう少し一般的に取り扱う)．よって，

$$P^{-1}AP = \begin{pmatrix} -1 & 0 & 0 \\ 0 & 1 & 0 \\ 0 & 0 & 2 \end{pmatrix}$$

となるから，A は対角化可能である． ■

例 **2.2.4**　例 2.1.7 の 3 次正方行列 $A = \begin{pmatrix} 3 & -2 & -2 \\ 2 & -1 & -2 \\ 2 & -2 & -1 \end{pmatrix}$ の固有値は 1 と -1 で，
各固有値に対する固有空間は

$$W(A;1) = \left\langle \begin{pmatrix} 1 \\ 1 \\ 0 \end{pmatrix}, \begin{pmatrix} 1 \\ 0 \\ 1 \end{pmatrix} \right\rangle, \quad W(A;-1) = \left\langle \begin{pmatrix} 1 \\ 1 \\ 1 \end{pmatrix} \right\rangle$$

である．ここで，$W(A;1)$ を表示する 2 つのベクトルを左から順に $\boldsymbol{p}_1, \boldsymbol{p}_2$ とし，
$W(A;-1)$ を表示するベクトルを $\boldsymbol{p}_3$ とおく．

$$\boldsymbol{p}_1 = \begin{pmatrix} 1 \\ 1 \\ 0 \end{pmatrix}, \quad \boldsymbol{p}_2 = \begin{pmatrix} 1 \\ 0 \\ 1 \end{pmatrix}, \quad \boldsymbol{p}_3 = \begin{pmatrix} 1 \\ 1 \\ 1 \end{pmatrix}$$

このとき，3 次正方行列 P を

$$P = (\boldsymbol{p}_1 \quad \boldsymbol{p}_2 \quad \boldsymbol{p}_3) = \begin{pmatrix} 1 & 1 & 1 \\ 1 & 0 & 1 \\ 0 & 1 & 1 \end{pmatrix}$$

と定めると，

$$AP = (A\boldsymbol{p}_1 \quad A\boldsymbol{p}_2 \quad A\boldsymbol{p}_3) = (\boldsymbol{p}_1 \quad \boldsymbol{p}_2 \quad -\boldsymbol{p}_3) = P \begin{pmatrix} 1 & 0 & 0 \\ 0 & 1 & 0 \\ 0 & 0 & -1 \end{pmatrix}.$$

しかも，P は正則である（このことは行列式が $|P| = -1 \neq 0$ であることから直
接確かめられる．後に，もう少し一般的に取り扱う）．よって，

$$P^{-1}AP = \begin{pmatrix} 1 & 0 & 0 \\ 0 & 1 & 0 \\ 0 & 0 & -1 \end{pmatrix}$$

となるから，A は対角化可能である．　　　　■

例 **2.2.5** 例 2.1.8 の 3 次正方行列 $A = \begin{pmatrix} 4 & -5 & -3 \\ 2 & -3 & -2 \\ 1 & -1 & 0 \end{pmatrix}$ の固有値は 1 と -1 で,
各固有値に対する固有空間は

$$W(A;1) = \left\langle \begin{pmatrix} 1 \\ 0 \\ 1 \end{pmatrix} \right\rangle, \qquad W(A;-1) = \left\langle \begin{pmatrix} 1 \\ 1 \\ 0 \end{pmatrix} \right\rangle$$

である. A がある 3 次正則行列 P により

$$P^{-1}AP = \begin{pmatrix} \lambda_1 & 0 & 0 \\ 0 & \lambda_2 & 0 \\ 0 & 0 & \lambda_3 \end{pmatrix}$$

と対角化されたとしよう. このとき $\Phi_{P^{-1}AP}(x) = (x-\lambda_1)(x-\lambda_2)(x-\lambda_3)$ であ
るが, 命題 2.2.1 により $\Phi_{P^{-1}AP}(x) = \Phi_A(x) = (x+1)(x-1)^2$ だから, $\lambda_1, \lambda_2,$
λ_3 のうち 2 つが 1 で, 残りの 1 つが -1 でなければならない. そこで, たとえば
$\lambda_1 = \lambda_2 = 1$ としよう (他の場合も同様). P の列分割表示を $P = (\boldsymbol{p}_1 \quad \boldsymbol{p}_2 \quad \boldsymbol{p}_3)$
とすると,

$$AP = (A\boldsymbol{p}_1 \quad A\boldsymbol{p}_2 \quad A\boldsymbol{p}_3)$$

かつ

$$AP = P\begin{pmatrix} 1 & 0 & 0 \\ 0 & 1 & 0 \\ 0 & 0 & -1 \end{pmatrix} = (\boldsymbol{p}_1 \quad \boldsymbol{p}_2 \quad -\boldsymbol{p}_3)$$

であるから, $A\boldsymbol{p}_1 = \boldsymbol{p}_1$, $A\boldsymbol{p}_2 = \boldsymbol{p}_2$ となる. つまり, $\boldsymbol{p}_1, \boldsymbol{p}_2$ は $W(A;1)$ に属す
る. しかも, $W(A;1) = \left\langle \begin{pmatrix} 1 \\ 0 \\ 1 \end{pmatrix} \right\rangle$ だから, $\boldsymbol{p}_1, \boldsymbol{p}_2$ はそれぞれ実数 k_1, k_2 を用い
て次の形に表される.

$$\boldsymbol{p}_1 = k_1 \begin{pmatrix} 1 \\ 0 \\ 1 \end{pmatrix}, \qquad \boldsymbol{p}_2 = k_2 \begin{pmatrix} 1 \\ 0 \\ 1 \end{pmatrix}$$

さらに，P は正則だから，$\boldsymbol{p}_1, \boldsymbol{p}_2$ はどちらも $\boldsymbol{0}$ ではない．つまり，$k_1, k_2 \neq 0$ である．この k_1, k_2 に対して，明らかに $-k_2\boldsymbol{p}_1 + k_1\boldsymbol{p}_2 = \boldsymbol{0}$ が成り立つ．言い換えれば，

$$\boldsymbol{v} = \begin{pmatrix} -k_2 \\ k_1 \\ 0 \end{pmatrix} \ (\neq \boldsymbol{0})$$

に対して $P\boldsymbol{v} = \boldsymbol{0}$ となる．すると，同次連立 1 次方程式 $P\boldsymbol{x} = \boldsymbol{0}$ は $\boldsymbol{x} = \boldsymbol{0}$ のほかにも解をもつことになってしまい，P が正則であることに反する．ゆえに，A は対角化可能ではない．　■

　例 2.2.4, 例 2.2.5 で扱った 2 つの行列はどちらも固有多項式が $(x+1)(x-1)^2$ であるが，前者は対角化可能で，後者は対角化可能ではない．

2.2.3　1 次独立な固有ベクトルの組

　A を m 次正方行列とする．$\boldsymbol{p}_1, \boldsymbol{p}_2, \ldots, \boldsymbol{p}_s$ をそれぞれ A の固有値 $\lambda_1, \lambda_2, \ldots, \lambda_s$ に属する固有ベクトルとし，$m \times s$ 行列 P を

$$P = (\boldsymbol{p}_1 \quad \boldsymbol{p}_2 \quad \cdots \quad \boldsymbol{p}_s)$$

と定める．

命題 2.2.3　記号は上のとおりとし，さらに $\lambda_1, \lambda_2, \ldots, \lambda_s$ が相異なると仮定する．このとき，$\operatorname{rank} P = s$ である．

証明　$s = 1$ のとき，P は $\boldsymbol{p}_1$ に等しい．しかも，$\boldsymbol{p}_1 \neq \boldsymbol{0}$ だから，$\operatorname{rank} P = 1$ である．

　そこで，$s \geq 2$ とする．$P = (\boldsymbol{p}_1 \quad \boldsymbol{p}_2 \quad \cdots \quad \boldsymbol{p}_s)$ に対して $\operatorname{rank} P = s$ であることを示すには，$P\boldsymbol{x} = \boldsymbol{0}$ となる $\boldsymbol{x}$ が $\boldsymbol{x} = \boldsymbol{0}$ だけしかないことを示せばよい．

　$s = 2$ とする．このとき $P = (\boldsymbol{p}_1 \quad \boldsymbol{p}_2)$ であり，等式 $P\boldsymbol{x} = \boldsymbol{0}$ は

$$x_1\boldsymbol{p}_1 + x_2\boldsymbol{p}_2 = \boldsymbol{0} \ \cdots\cdots \ \circledast_2$$

と書き直せる．$\circledast_2$ の両辺に左から A をかけると，$A\boldsymbol{p}_i = \lambda_i\boldsymbol{p}_i \ (i = 1, 2)$ より

$$x_1\lambda_1\boldsymbol{p}_1 + x_2\lambda_2\boldsymbol{p}_2 = \boldsymbol{0}.$$

一方, $\circledast_2$ の両辺に λ_2 をかけると,

$$x_1\lambda_2\boldsymbol{p}_1 + x_2\lambda_2\boldsymbol{p}_2 = \boldsymbol{0}.$$

これら 2 つの式を辺々引けば,

$$x_1(\lambda_1 - \lambda_2)\boldsymbol{p}_1 = \boldsymbol{0}$$

となる. しかも, $\lambda_1 \neq \lambda_2$ だから $x_1\boldsymbol{p}_1 = \boldsymbol{0}$ であるが, $\boldsymbol{p}_1 \neq \boldsymbol{0}$ だから $x_1 = 0$ でなければならない. すると, $\circledast_2$ より $x_2\boldsymbol{p}_2 = \boldsymbol{0}$ となるが, $\boldsymbol{p}_2 \neq \boldsymbol{0}$ だから $x_2 = 0$ でなければならない. よって, $x_1 = x_2 = 0$, すなわち, $\boldsymbol{x} = \boldsymbol{0}$ である.

　$s = 3$ とする. このとき $P = (\boldsymbol{p}_1 \quad \boldsymbol{p}_2 \quad \boldsymbol{p}_3)$ であり, 等式 $P\boldsymbol{x} = \boldsymbol{0}$ は

$$x_1\boldsymbol{p}_1 + x_2\boldsymbol{p}_2 + x_3\boldsymbol{p}_3 = \boldsymbol{0} \cdots\cdots \circledast_3$$

と書き直せる. $\circledast_3$ の両辺に左から A をかけると, $A\boldsymbol{p}_i = \lambda_i\boldsymbol{p}_i \ (i = 1, 2, 3)$ より

$$x_1\lambda_1\boldsymbol{p}_1 + x_2\lambda_2\boldsymbol{p}_2 + x_3\lambda_3\boldsymbol{p}_3 = \boldsymbol{0}.$$

一方, $\circledast_3$ の両辺に λ_3 をかけると,

$$x_1\lambda_3\boldsymbol{p}_1 + x_2\lambda_3\boldsymbol{p}_2 + x_3\lambda_3\boldsymbol{p}_3 = \boldsymbol{0}.$$

これら 2 つの式を辺々引けば,

$$x_1(\lambda_1 - \lambda_3)\boldsymbol{p}_1 + x_2(\lambda_2 - \lambda_3)\boldsymbol{p}_2 = \boldsymbol{0}$$

となる. $\boldsymbol{p}_1, \boldsymbol{p}_2$ はそれぞれ相異なる固有値 λ_1, λ_2 に属する固有ベクトルだから, 先述の $s = 2$ のときの結果を用いると, $x_1(\lambda_1 - \lambda_3) = 0$ かつ $x_2(\lambda_2 - \lambda_3) = 0$. しかも, $\lambda_1 \neq \lambda_3, \ \lambda_2 \neq \lambda_3$ だから $x_1 = 0, \ x_2 = 0$ でなければならない. すると, $\circledast_3$ より $x_3\boldsymbol{p}_3 = \boldsymbol{0}$ となるが, $\boldsymbol{p}_3 \neq \boldsymbol{0}$ だから $x_3 = 0$ でなければならない. よって, $x_1 = x_2 = x_3 = 0$, すなわち, $\boldsymbol{x} = \boldsymbol{0}$ である.

　以降, この作業を続けていけばよい. s に関する帰納法の形で述べると以下のようになる.

$s = 1$ のとき命題の主張が成り立つことはすでに示した．そこで $s > 1$ とし，

$$\mathrm{rank}(\boldsymbol{p}_1 \quad \cdots \quad \boldsymbol{p}_{s-1}) = s - 1$$

が成り立つと仮定する．このとき，$P = (\boldsymbol{p}_1 \quad \cdots \quad \boldsymbol{p}_s)$ に対して $\mathrm{rank}\, P = s$ であることを示したい．そこで，$P\boldsymbol{x} = \boldsymbol{0}$ とする．つまり，

$$x_1\boldsymbol{p}_1 + \cdots + x_{s-1}\boldsymbol{p}_{s-1} + x_s\boldsymbol{p}_s = \boldsymbol{0} \cdots\cdots ⊛$$

とする．⊛ の両辺に左から A をかけると，$A\boldsymbol{p}_i = \lambda_i\boldsymbol{p}_i\ (i = 1, 2, \ldots, s)$ より

$$x_1\lambda_1\boldsymbol{p}_1 + \cdots + x_{s-1}\lambda_{s-1}\boldsymbol{p}_{s-1} + x_s\lambda_s\boldsymbol{p}_s = \boldsymbol{0}.$$

一方，⊛ の両辺に λ_s をかけると，

$$x_1\lambda_s\boldsymbol{p}_1 + \cdots + x_{s-1}\lambda_s\boldsymbol{p}_{s-1} + x_s\lambda_s\boldsymbol{p}_s = \boldsymbol{0}.$$

これら 2 つの式を辺々引けば，

$$x_1(\lambda_1 - \lambda_s)\boldsymbol{p}_1 + \cdots + x_{s-1}(\lambda_{s-1} - \lambda_s)\boldsymbol{p}_{s-1} = \boldsymbol{0}$$

となる．ここで帰納法の仮定を用いると

$$x_1(\lambda_1 - \lambda_s) = 0, \quad \ldots, \quad x_{s-1}(\lambda_{s-1} - \lambda_s) = 0$$

となるが，$\lambda_i\ (i = 1, 2, \ldots, s)$ は相異なるから，$x_1 = 0, \ldots, x_{s-1} = 0$ でなければならない．すると，⊛ より $x_s\boldsymbol{p}_s = \boldsymbol{0}$ となるが，$\boldsymbol{p}_s \neq \boldsymbol{0}$ だから $x_s = 0$ でなければならない．よって，$x_1 = \cdots = x_{s-1} = x_s = 0$. すなわち，$P\boldsymbol{x} = \boldsymbol{0}$ となる $\boldsymbol{x}$ は $\boldsymbol{x} = \boldsymbol{0}$ だけである． $\square$

2.2.4　対角化可能性の判定
命題 2.2.3 から，直ちに次のことがわかる．

定理 2.2.4　A は m 次正方行列で，m 個の相異なる固有値 $\lambda_1, \lambda_2, \ldots, \lambda_m$ をもつとする．また，$\boldsymbol{p}_1, \boldsymbol{p}_2, \ldots, \boldsymbol{p}_m$ をそれぞれ $\lambda_1, \lambda_2, \ldots, \lambda_m$ に属する固有ベクトルとする．このとき，m 次正方行列

$$P = (\boldsymbol{p}_1 \quad \boldsymbol{p}_2 \quad \cdots \quad \boldsymbol{p}_m)$$

は正則であり，

$$P^{-1}AP = \begin{pmatrix} \lambda_1 & & & \\ & \lambda_2 & & \text{\Large 0} \\ & & \ddots & \\ \text{\Large 0} & & & \lambda_m \end{pmatrix}$$

が成り立つ.

証明　P の m 個の列 $\boldsymbol{p}_1, \boldsymbol{p}_2, \ldots, \boldsymbol{p}_m$ は A の相異なる固有値に属する固有ベクトルだから，命題 2.2.3 により $\operatorname{rank} P = m$ となる. すなわち，P は正則である. さらに，このことと

$$AP = (A\boldsymbol{p}_1 \quad A\boldsymbol{p}_2 \quad \cdots \quad A\boldsymbol{p}_m) = (\lambda_1\boldsymbol{p}_1 \quad \lambda_2\boldsymbol{p}_2 \quad \cdots \quad \lambda_m\boldsymbol{p}_m)$$

$$= (\boldsymbol{p}_1 \quad \boldsymbol{p}_2 \quad \cdots \quad \boldsymbol{p}_m)\begin{pmatrix} \lambda_1 & & & \\ & \lambda_2 & & \text{\Large 0} \\ & & \ddots & \\ \text{\Large 0} & & & \lambda_m \end{pmatrix}$$

であることから，最後の主張も成り立つ. □

定理 2.2.4 により，固有多項式が重根をもたない正方行列はすべて対角化可能である. 一方，固有多項式が重根をもつ場合は，前項のいくつかの例でみたように，対角化可能なものとそうではないものとが存在する. この差がどこから生じるのかをみるために，まず例 2.2.4 を一般化した状況で考察してみよう.

例 2.2.6　A を 3 次正方行列とする. また，A はちょうど 2 つの相異なる固有値 λ, μ をもつとし，$\boldsymbol{p}_1, \boldsymbol{p}_2$ を同次連立 1 次方程式 $(\lambda E_3 - A)\boldsymbol{x} = \boldsymbol{0}$ の 1 組の基本解，$\boldsymbol{p}_3$ を同次連立 1 次方程式 $(\mu E_3 - A)\boldsymbol{x} = \boldsymbol{0}$ の基本解とする. このとき，

$$P = (\boldsymbol{p}_1 \quad \boldsymbol{p}_2 \quad \boldsymbol{p}_3)$$

とおくと，A は P により対角化されることを示そう. まず，P が正則であることを示すために，

$$x_1\boldsymbol{p}_1 + x_2\boldsymbol{p}_2 + x_3\boldsymbol{p}_3 = \boldsymbol{0} \cdots\cdots \circledast$$

が成り立つとする. $x_1 = x_2 = x_3 = 0$ であることを示したい.

$x_3 \neq 0$ と仮定する. このとき, $\boldsymbol{q} = x_1\boldsymbol{p}_1 + x_2\boldsymbol{p}_2$ とおくと

$$A\boldsymbol{q} = \lambda\boldsymbol{q} \qquad かつ \qquad \boldsymbol{q} = -x_3\boldsymbol{p}_3 \neq \boldsymbol{0}$$

だから, $\boldsymbol{q}$ は A の固有値 λ に属する固有ベクトルである. よって, $\boldsymbol{q}$ と $\boldsymbol{p}_3$ は相異なる固有値に属する固有ベクトルで, しかも ⊛ より

$$1\boldsymbol{q} + x_3\boldsymbol{p}_3 = \boldsymbol{0}$$

が成り立つことになるが, これは命題 2.2.3 に反する. したがって, $x_3 = 0$ でなければならない. すると, ⊛ より $x_1\boldsymbol{p}_1 + x_2\boldsymbol{p}_2 = \boldsymbol{0}$ が成り立つが, $\boldsymbol{p}_1, \boldsymbol{p}_2$ は $(\lambda E_3 - A)\boldsymbol{x} = \boldsymbol{0}$ の基本解だったから, $x_1 = x_2 = 0$ でなければならない. よって, P は正則である. 最後に,

$$AP = (A\boldsymbol{p}_1 \quad A\boldsymbol{p}_2 \quad A\boldsymbol{p}_3) = (\lambda\boldsymbol{p}_1 \quad \lambda\boldsymbol{p}_2 \quad \mu\boldsymbol{p}_3) = P \begin{pmatrix} \lambda & 0 & 0 \\ 0 & \lambda & 0 \\ 0 & 0 & \mu \end{pmatrix}$$

より

$$P^{-1}AP = \begin{pmatrix} \lambda & 0 & 0 \\ 0 & \lambda & 0 \\ 0 & 0 & \mu \end{pmatrix}$$

が成り立つ.　　　　　　　　　　　　　　　　　　　　　　　■

　例 2.2.5 のような (つまり, 相異なる固有値が 2 つあり, かつ対角化できない) 3 次正方行列に関する議論の一般化は省略するので, 各自で試みられたい.

　固有空間の次元に関しては, 次の事実も重要である.

定理 2.2.5　A を m 次正方行列とし, λ を A の 1 つの固有値とする. もし λ が $\Phi_A(x)$ の e 重根であれば,

$$\dim W(A;\lambda) \leqq e$$

が成り立つ.

証明　ベクトルの組 $\boldsymbol{p}_1, \boldsymbol{p}_2, \ldots, \boldsymbol{p}_d$ が同次連立 1 次方程式 $(\lambda E_m - A)\boldsymbol{x} = \boldsymbol{0}$ の基本解であるとする．このとき $d = \dim W(A; \lambda)$ だから，$d \leqq e$ を示せばよい．

さて，$m \times d$ 行列 $(\boldsymbol{p}_1 \quad \boldsymbol{p}_2 \quad \cdots \quad \boldsymbol{p}_d)$ の階数は d だから，$m - d$ 個のベクトル $\boldsymbol{q}_{d+1}, \ldots, \boldsymbol{q}_m$ を適切に選べば，系 1.2.12 (2) により m 次正方行列

$$(\boldsymbol{p}_1 \quad \boldsymbol{p}_2 \quad \cdots \quad \boldsymbol{p}_d \quad \boldsymbol{q}_{d+1} \quad \cdots \quad \boldsymbol{q}_m)$$

は正則になる．この正則行列を P とおくと，$j = 1, 2, \ldots, d$ に対して $P^{-1}AP$ の第 j 列は

$$P^{-1}A\boldsymbol{p}_j = P^{-1}(\lambda\boldsymbol{p}_j) = \lambda P^{-1}\boldsymbol{p}_j$$

となる．$P^{-1}\boldsymbol{p}_j$ は $P^{-1}P\,(= E_m)$ の第 j 列だから，$\boldsymbol{e}_j$ に等しい．したがって，

$$P^{-1}AP = (\lambda\boldsymbol{e}_1 \quad \lambda\boldsymbol{e}_2 \quad \cdots \quad \lambda\boldsymbol{e}_d \quad P^{-1}A\boldsymbol{q}_{d+1} \quad \cdots \quad P^{-1}A\boldsymbol{q}_m)$$

となる．これは，次の形に区分けして書くことができる．

$$P^{-1}AP = \left(\begin{array}{c|c} \lambda E_d & * \\ \hline O & * \end{array}\right) \begin{array}{l} \}d \\ \}m-d \end{array}$$
$$\underbrace{}_{d}\ \underbrace{}_{m-d}$$

そこで，$xE_m - P^{-1}AP$ を上とまったく同じように区分けすると，左上と左下の区画はそれぞれ $(x - \lambda)E_d$ と O になるから，命題 1.1.10 (1) により $\Phi_{P^{-1}AP}(x)$ は $(x - \lambda)^d$ で割り切れる．一方，命題 2.2.1 により $\Phi_A(x) = \Phi_{P^{-1}AP}(x)$ であるが，λ は $\Phi_A(x)$ の e 重根だったから，$d \leqq e$ でなければならない．　□

例 2.2.7　A は 3 次正方行列で，2 つの相異なる固有値 λ, μ をもつとする．また，固有多項式は $\Phi_A(x) = (x - \lambda)^2(x - \mu)$ と因数分解されるとする．つまり，λ のほうを固有多項式の重根とする．このとき，定理 2.2.5 により $\dim W(A; \lambda)$ は 1 か 2 であり，$\dim W(A; \mu)$ は 1 である．　■

A を m 次正方行列とし，$\lambda_1, \lambda_2, \ldots, \lambda_s$ を A の相異なるすべての固有値とする．また，$i = 1, 2, \ldots, s$ に対して λ_i は $\Phi_A(x)$ の e_i 重根であるとする．すなわち，$\Phi_A(x)$ の因数分解が

$$\Phi_A(x) = (x - \lambda_1)^{e_1}(x - \lambda_2)^{e_2} \cdots (x - \lambda_s)^{e_s}$$

で与えられるとする．このとき，明らかに

$$e_1 + e_2 + \cdots + e_s = m \tag{2.2.1}$$

である．また，定理 2.2.5 から

$$\dim W(A; \lambda_i) \leqq e_i \qquad (i = 1, 2, \ldots, s)$$

が成り立つ．よって，直ちに次の系を得る．

系 2.2.6　A を m 次正方行列とし，$\lambda_1, \lambda_2, \ldots, \lambda_s$ を A の相異なるすべての固有値とする．さらに，$i = 1, 2, \ldots, s$ に対して $d_i = \dim W(A; \lambda_i)$ とおく．このとき，

$$d_1 + d_2 + \cdots + d_s \leqq m$$

が成り立つ．　　　　　　　　　　　　　　　　　　　　　　　　　　□

例 2.2.8　A は 3 次正方行列で，2 つの相異なる固有値 λ, μ をもつとする．また，λ のほうを固有多項式の重根とする (例 2.2.7 参照)．
(1)　$\dim W(A; \lambda) + \dim W(A; \mu) = 3$ とする．このときは $\dim W(A; \lambda) = 2$ だから，例 2.2.6 により A は対角化可能である．
(2)　$\dim W(A; \lambda) + \dim W(A; \mu) = 2$ とする．このときは $\dim W(A; \lambda) = 1$ であり，A は対角化できないことが例 2.2.5 と同様の議論で示される．　■

　一般に，与えられた行列が対角化可能であるかどうかは，次の定理で判定することができる．

定理 2.2.7　A を m 次正方行列とし，$\lambda_1, \lambda_2, \ldots, \lambda_s$ を A の相異なるすべての固有値とする．さらに，$i = 1, 2, \ldots, s$ に対して $d_i = \dim W(A; \lambda_i)$ とおく．このとき，A が対角化可能であるための必要十分条件は，

$$d_1 + d_2 + \cdots + d_s = m \tag{2.2.2}$$

が成り立つことである．また，この等式が成り立つとき，同次連立 1 次方程式 $(\lambda_i E_m - A)\boldsymbol{x} = \boldsymbol{0}$ の基本解

$$\boldsymbol{p}_1^{(i)}, \quad \ldots, \quad \boldsymbol{p}_{d_i}^{(i)}$$

を各 $i = 1, 2, \ldots, s$ に対して 1 組ずつ選んで m 次正方行列 P を

$$P = (\boldsymbol{p}_1^{(1)} \quad \cdots \quad \boldsymbol{p}_{d_1}^{(1)} \quad \boldsymbol{p}_1^{(2)} \quad \cdots \quad \boldsymbol{p}_{d_2}^{(2)} \quad \cdots\cdots \quad \boldsymbol{p}_1^{(s)} \quad \cdots \quad \boldsymbol{p}_{d_s}^{(s)})$$

と定めると P は正則であり，A は P を用いて次のように対角化される．

$$P^{-1}AP = \begin{pmatrix} \lambda_1 E_{d_1} & & & \\ & \lambda_2 E_{d_2} & & \text{\Large 0} \\ & & \ddots & \\ \text{\Large 0} & & & \lambda_s E_{d_s} \end{pmatrix} \qquad (2.2.3)$$

証明　$i = 1, 2, \ldots, s$ に対して，λ_i が $\Phi_A(x)$ の e_i 重根であるとする．A が対角化可能ならば，どの i に対しても $d_i = e_i$ となることを示そう．これが示せれば，(2.2.2) は (2.2.1) から直ちに従う．記号を簡単にするため，A の固有値 λ を任意に選んで固定し，$d = \dim W(A; \lambda)$ とおく．また，$(\lambda E - A)\boldsymbol{x} = \boldsymbol{0}$ の 1 組の基本解 $\boldsymbol{p}_1, \boldsymbol{p}_2, \ldots, \boldsymbol{p}_d$ を選んで $P' = (\boldsymbol{p}_1 \quad \boldsymbol{p}_2 \quad \cdots \quad \boldsymbol{p}_d)$ とおく．さらに，λ は $\Phi_A(x)$ の e 重根であるとする．定理 2.2.5 により $d \leqq e$ であることはわかっているから，残っているのは反対向きの不等式 $d \geqq e$ を示すことである．A が正則行列 Q によって対角化されるとすると，命題 2.2.1 により $\Phi_{Q^{-1}AQ}(x) = \Phi_A(x)$ だから，対角行列 $Q^{-1}AQ$ の対角成分には λ がちょうど e 個現れる．よって，Q の列のうちで固有値 λ に属する固有ベクトルとなるものがちょうど e 個あるから，それらを用いてつくった $m \times e$ 行列を Q' とおく．このとき，$\mathrm{rank}\, Q' = e$ である（もし $\mathrm{rank}\, Q' < e$ なら，Q が正則でなくなってしまう）．Q' の各列は $W(A; \lambda)$ に属するから，それぞれ $(\lambda E - A)\boldsymbol{x} = \boldsymbol{0}$ の基本解を用いて表せる．つまり，補題 1.3.2 により，ある $d \times e$ 行列 B を用いて $Q' = P'B$ と書ける．すると，命題 1.4.1 により $\mathrm{rank}\, Q' \leqq \mathrm{rank}\, P'$ が成り立つから，$e \leqq d$ である．

　逆に，(2.2.2) が成り立つとする．このとき，定理の主張の中で定めた m 次正方行列 P が正則であることが示せれば，明らかに A は P によって (2.2.3) のとおりに対角化される．そこで，P が正則であることを示そう．そのために，P

の m 個の列に関する等式

$$(x_1^{(1)}\boldsymbol{p}_1^{(1)} + \cdots + x_{d_1}^{(1)}\boldsymbol{p}_{d_1}^{(1)}) + (x_1^{(2)}\boldsymbol{p}_1^{(2)} + \cdots + x_{d_2}^{(2)}\boldsymbol{p}_{d_2}^{(2)})$$
$$+ \cdots\cdots\cdots + (x_1^{(s)}\boldsymbol{p}_1^{(s)} + \cdots + x_{d_s}^{(s)}\boldsymbol{p}_{d_s}^{(s)}) = \boldsymbol{0} \quad \cdots\cdots \circledast$$

を考える. この等式は,

$$\boldsymbol{q}_i = x_1^{(i)}\boldsymbol{p}_1^{(i)} + \cdots + x_{d_i}^{(i)}\boldsymbol{p}_{d_i}^{(i)} \qquad (i = 1, 2, \ldots, s)$$

とおくと,

$$\boldsymbol{q}_1 + \boldsymbol{q}_2 + \cdots + \boldsymbol{q}_s = \boldsymbol{0} \ \cdots\cdots \circledast'$$

と書き直される. しかも, $\boldsymbol{q}_i \in W(A;\lambda_i)$ $(i = 1, 2, \ldots, s)$ である. ここで, $\boldsymbol{q}_1, \boldsymbol{q}_2, \ldots, \boldsymbol{q}_s$ の中に $\boldsymbol{0}$ ではないものが全部で t 個あるとしよう. もし $t > 0$ なら, $\circledast'$ より t 個の相異なる固有値に属する固有ベクトルの和が $\boldsymbol{0}$ になってしまい, 命題 2.2.3 に反する. よって $t = 0$, すなわち, $\boldsymbol{q}_1, \boldsymbol{q}_2, \ldots, \boldsymbol{q}_s$ はすべて $\boldsymbol{0}$ である. すると, $i = 1, 2, \ldots, s$ に対して

$$x_1^{(i)}\boldsymbol{p}_1^{(i)} + \cdots + x_{d_i}^{(i)}\boldsymbol{p}_{d_i}^{(i)} = \boldsymbol{0}$$

であるが, ベクトルの組 $\boldsymbol{p}_1^{(i)}, \ldots, \boldsymbol{p}_{d_i}^{(i)}$ は $(\lambda_i E_m - A)\boldsymbol{x} = \boldsymbol{0}$ の基本解だったから, $x_1^{(i)} = \cdots = x_{d_i}^{(i)} = 0$ でなければならない. つまり, 等式 $\circledast$ が成り立つのは, m 個の数 $x_1^{(1)}, \ldots, x_{d_1}^{(1)}, \ldots, x_1^{(s)}, \ldots, x_{d_s}^{(s)}$ がすべて 0 である場合に限る. ゆえに, P は正則である. $\qquad\square$

問 題 2.2

1. 問題 2.1, 1 の行列のうち, 対角化可能なものは対角化せよ.

2. 次の行列が対角化可能であれば対角化せよ.

$$(1) \begin{pmatrix} 1 & 2 & -2 \\ -1 & -2 & 4 \\ -1 & -1 & 3 \end{pmatrix} \qquad (2) \begin{pmatrix} 1 & 2 & -2 \\ 2 & 1 & -2 \\ 2 & 2 & -3 \end{pmatrix}$$

(3) $\begin{pmatrix} 3 & -1 & -3 \\ 2 & -2 & -1 \\ 2 & -1 & -2 \end{pmatrix}$

(4) $\begin{pmatrix} 1 & -1 & -1 & 2 \\ -2 & 2 & 3 & -2 \\ 2 & -1 & -2 & 2 \\ 0 & 1 & 1 & -1 \end{pmatrix}$

(5) $\begin{pmatrix} 2 & 2 & -1 & -1 \\ 1 & 3 & -1 & -1 \\ 1 & 2 & 0 & -1 \\ 1 & 2 & -1 & 0 \end{pmatrix}$

(6) $\begin{pmatrix} 2 & 2 & 3 & 1 \\ -1 & 1 & -1 & -3 \\ 1 & -2 & 0 & 3 \\ -2 & 0 & -2 & -3 \end{pmatrix}$

2.3 ケーリー - ハミルトンの定理

2.3.1 行列の上三角化

前節で述べたように，正方行列の中には対角化可能ではないものが存在する．しかし，そのような行列も，上三角行列に変換すること (上三角化あるいは三角化という) はできる．すなわち，次の定理が成り立つ．

定理 2.3.1 A を m 次正方行列とし，$\lambda_1, \lambda_2, \ldots, \lambda_m$ を A の固有値とする (等しいものがあってもよい)．このとき，A は次の形の上三角行列に相似である．

$$\begin{pmatrix} \lambda_1 & & & \\ & \lambda_2 & & \text{\Large *} \\ & & \ddots & \\ \text{\Large 0} & & & \lambda_m \end{pmatrix}$$

証明 $m = 2$ とする．$\boldsymbol{p}$ を固有値 λ_1 に属する固有ベクトルとすると，$\boldsymbol{p} \neq \boldsymbol{0}$ だから，系 1.2.12 (2) により $\boldsymbol{p}$ を第 1 列にもつ 2 次正則行列 P が存在する．その列分割表示を $P = (\boldsymbol{p} \quad \boldsymbol{q})$ とおく．このとき，$P^{-1}AP$ の列分割表示は

$$P^{-1}AP = (P^{-1}A\boldsymbol{p} \quad P^{-1}A\boldsymbol{q})$$

である. 第 1 列については, $A\boldsymbol{p} = \lambda_1\boldsymbol{p}$ であることと $P^{-1}\boldsymbol{p}$ が $P^{-1}P\ (= E_2)$ の第 1 列になることから,

$$P^{-1}A\boldsymbol{p} = \lambda_1 P^{-1}\boldsymbol{p} = \lambda_1\boldsymbol{e}_1$$

と求められる. よって, $P^{-1}AP$ は次の形の上三角行列となる.

$$P^{-1}AP = \begin{pmatrix} \lambda_1 & b_1 \\ 0 & b_2 \end{pmatrix}$$

すると, 命題 2.2.1 により

$$\Phi_A(x) = \Phi_{P^{-1}AP}(x) = (x - \lambda_1)(x - b_2)$$

であるが, A の固有値は λ_1, λ_2 だから $\Phi_A(x) = (x - \lambda_1)(x - \lambda_2)$ で, したがって $b_2 = \lambda_2$ でなければならない. ゆえに, $m = 2$ のときは主張が成り立つ.

$m = 3$ とする. $\boldsymbol{p}$ を固有値 λ_1 に属する固有ベクトルとすると, $\boldsymbol{p} \neq \boldsymbol{0}$ だから, 系 1.2.12 (2) により $\boldsymbol{p}$ を第 1 列にもつ 3 次正則行列 P が存在する. その列分割表示を $P = (\boldsymbol{p} \quad \boldsymbol{q}_1 \quad \boldsymbol{q}_2)$ とおく. このとき, $P^{-1}AP$ の列分割表示は

$$P^{-1}AP = (P^{-1}A\boldsymbol{p} \quad P^{-1}A\boldsymbol{q}_1 \quad P^{-1}A\boldsymbol{q}_2)$$

である. 2 次のときと同様に, $A\boldsymbol{p} = \lambda_1\boldsymbol{p}$ であることと $P^{-1}\boldsymbol{p}$ が $P^{-1}P\ (= E_3)$ の第 1 列になることから, 第 1 列については,

$$P^{-1}A\boldsymbol{p} = \lambda_1 P^{-1}\boldsymbol{p} = \lambda_1\boldsymbol{e}_1$$

と求められる. よって, $P^{-1}AP$ は次の形の行列となる.

$$P^{-1}AP = \begin{pmatrix} \lambda_1 & b_{11} & b_{12} \\ 0 & b_{21} & b_{22} \\ 0 & b_{31} & b_{32} \end{pmatrix}$$

ここで, $A' = \begin{pmatrix} b_{21} & b_{22} \\ b_{31} & b_{32} \end{pmatrix}$ とおくと,

$$xE_3 - P^{-1}AP = \begin{pmatrix} x - \lambda_1 & -b_{11} & -b_{12} \\ 0 & x - b_{21} & -b_{22} \\ 0 & -b_{31} & x - b_{32} \end{pmatrix} = \left(\begin{array}{c|cc} x - \lambda_1 & * & * \\ \hline 0 & & \\ 0 & \multicolumn{2}{c}{xE_2 - A'} \end{array} \right)$$

と書ける. すると, 命題 2.2.1 により

$$\Phi_A(x) = \Phi_{P^{-1}AP}(x) = (x - \lambda_1)\Phi_{A'}(x)$$

となるが, A の固有値は λ_1, λ_2, λ_3 だから $\Phi_A(x) = (x - \lambda_1)(x - \lambda_2)(x - \lambda_3)$ で, したがって,

$$\Phi_{A'}(x) = (x - \lambda_2)(x - \lambda_3)$$

でなければならない. つまり, A' の固有値は λ_2, λ_3 で, $m = 2$ のときの結果から A' はある 2 次正則行列 P' により

$$P'^{-1}A'P' = \begin{pmatrix} \lambda_2 & * \\ 0 & \lambda_3 \end{pmatrix}$$

と変換される. そこで,

$$Q = \left(\begin{array}{c|cc} 1 & 0 & 0 \\ \hline 0 & & \\ 0 & & P' \end{array} \right)$$

とおくと, 命題 1.1.10 (2) および系 1.1.9 により,

$$(PQ)^{-1}A(PQ) = (Q^{-1}P^{-1})A(PQ) = Q^{-1}(P^{-1}AP)Q$$

$$= \left(\begin{array}{c|cc} 1 & 0 & 0 \\ \hline 0 & & \\ 0 & & P'^{-1} \end{array} \right) \left(\begin{array}{c|cc} \lambda_1 & * & * \\ \hline 0 & & \\ 0 & & A' \end{array} \right) \left(\begin{array}{c|cc} 1 & 0 & 0 \\ \hline 0 & & \\ 0 & & P' \end{array} \right)$$

$$= \left(\begin{array}{c|cc} \lambda_1 & * & * \\ \hline 0 & & \\ 0 & & P'^{-1}A'P' \end{array} \right) = \begin{pmatrix} \lambda_1 & * & * \\ 0 & \lambda_2 & * \\ 0 & 0 & \lambda_3 \end{pmatrix}$$

となるから, $m = 3$ のときも主張が成り立つ.

以降, この作業を続けていけばよい. m に関する帰納法の形で概略を述べると以下のようになる.

$m = 2$ のとき定理の主張が成り立つことはすでに示した．そこで $m > 2$ とし，$m - 1$ のときは主張が成り立つと仮定する．$\boldsymbol{p}$ を固有値 λ_1 に属する固有ベクトルとすると，$\boldsymbol{p} \neq \boldsymbol{0}$ だから，系 1.2.12 (2) により $\boldsymbol{p}$ を第 1 列にもつ m 次正則行列 P が存在する．$P^{-1}AP$ の第 1 列は $P^{-1}A\boldsymbol{p} = \lambda_1 \boldsymbol{e}_1$ であるから，ある $m - 1$ 次正方行列 A' を用いて

$$
P^{-1}AP = \left(
\begin{array}{c|ccc}
\lambda_1 & * & \cdots & * \\
\hline
0 & & & \\
\vdots & & A' & \\
0 & & &
\end{array}
\right)
$$

と書ける．すると，命題 2.2.1 により

$$
\Phi_A(x) = \Phi_{P^{-1}AP}(x) = (x - \lambda_1)\Phi_{A'}(x)
$$

となるから，A' の固有値は $\lambda_2, \ldots, \lambda_m$ である．したがって，帰納法の仮定から，A' はある $m - 1$ 次正則行列 P' によって

$$
P'^{-1}A'P' = \begin{pmatrix}
\lambda_2 & & * \\
& \ddots & \\
0 & & \lambda_m
\end{pmatrix}
$$

と変換される．最後に，$m = 3$ のときに述べたのと同じ方法で，$m - 1$ 次正則行列 P' を用いて m 次正則行列 Q を定めれば，A は PQ によって定理の主張のとおりの上三角行列に変換される．　　　　　　□

2.3.2 ケーリー - ハミルトンの定理

2 次正方行列 $A = \begin{pmatrix} a & b \\ c & d \end{pmatrix}$ の固有多項式は

$$
\Phi_A(x) = x^2 - (a + d)x + (ad - bc)
$$

である．一方，2 次正方行列に関する簡単な計算により，

$$
A^2 - (a + d)A + (ad - bc)E_2 = O_2 \tag{2.3.1}
$$

であることがわかる. このことは, $\Phi_A(x) = x^2 - (a+d)x + (ad-bc)$ におい
て x に A を代入すると, O_2 になることを示している. ただし, 定数項 $ad-bc$
は $(ad-bc)x^0$ であると考えて, x^0 を $A^0 (= E_2)$ に置き換える.

　一般に, 次のことが成り立つ.

定理 2.3.2 (ケーリー‐ハミルトンの定理)　A を m 次正方行列とするとき, そ
の固有多項式 $\Phi_A(x)$ に対して

$$\Phi_A(A) = O_m$$

が成り立つ. つまり, 固有多項式を

$$\Phi_A(x) = x^m + c_{m-1}x^{m-1} + \cdots + c_1 x + c_0$$

とすると,

$$A^m + c_{m-1}A^{m-1} + \cdots + c_1 A + c_0 E_m = O_m$$

である.

証明　$\Phi_A(x)$ を因数分解して

$$\Phi_A(x) = (x - \lambda_1)(x - \lambda_2) \cdots (x - \lambda_m)$$

と表したとき,

$$(A - \lambda_1 E_m)(A - \lambda_2 E_m) \cdots (A - \lambda_m E_m) = O_m$$

が成り立つことをいえばよい.

　A が P によって次の上三角行列に変換されるとする.

$$B = \begin{pmatrix} \lambda_1 & & & \\ & \lambda_2 & & \ast \\ & & \ddots & \\ 0 & & & \lambda_m \end{pmatrix}$$

このとき，

$$P^{-1}\Phi_A(A)P = P^{-1}(A-\lambda_1 E_m)(A-\lambda_2 E_m)\cdots(A-\lambda_m E_m)P$$
$$= P^{-1}(A-\lambda_1 E_m)PP^{-1}(A-\lambda_2 E_m)P\cdots P^{-1}(A-\lambda_m E_m)P$$
$$= (P^{-1}AP-\lambda_1 E_m)(P^{-1}AP-\lambda_2 E_m)\cdots(P^{-1}AP-\lambda_m E_m)$$
$$= (B-\lambda_1 E_m)(B-\lambda_2 E_m)\cdots(B-\lambda_m E_m)$$

である．簡単のため，$i=1,2,\ldots,m$ に対して $B_i = B-\lambda_i E_m$ とおく．明らかに，B_1 は第 1 列が **0** である．また，B_2 は $(2,2)$ 成分が 0 の上三角行列だから，積 $B_1 B_2$ は第 1 列，第 2 列が **0** である．一般に，$1\leqq d\leqq m$ とするとき，d 個の積 $B_1\cdots B_d$ は第 1 列から第 d 列までが **0** であることが帰納的に示される．よって，

$$P^{-1}\Phi_A(A)P = B_1 B_2\cdots B_m = O_m$$

となるから，

$$\Phi_A(A) = P(P^{-1}\Phi_A(A)P)P^{-1} = PO_m P^{-1} = O_m$$

である．　　　　　　　　　　　　　　　　　　　　　　　　　　　□

2.4　ジョルダン標準形

　正方行列には，対角化可能な (つまり，対角行列に変換できる) 行列とそうではない行列があるが，対角化可能ではないものについても，できる限り簡単な形に変換することは重要である．本節では，2 次および 3 次の正方行列について，どのような条件のもとでどの形に変換されるかの分類をするとともに，特に対角化可能ではない行列の変換方法を詳しく述べることにする．

2.4.1　2 次の場合
定理 **2.4.1**　2 次正方行列は，適当な正則行列 P により次のいずれかの形 (これらを 2 次のジョルダン標準形あるいはジョルダン行列という) に変換される．

$$\begin{pmatrix}\lambda & 0\\ 0 & \mu\end{pmatrix},\quad \begin{pmatrix}\lambda & 0\\ 0 & \lambda\end{pmatrix},\quad \begin{pmatrix}\lambda & 1\\ 0 & \lambda\end{pmatrix}$$

証明 A を2次正方行列とする.A の固有多項式は,次のいずれかの形に因数分解される.

$\boxed{1}$ $\Phi_A(x) = (x - \lambda)(x - \mu)$ $(\lambda \neq \mu)$

$\boxed{2}$ $\Phi_A(x) = (x - \lambda)^2$

以下,この2つの場合に分けて議論する.

$\boxed{1}$ 固有値 λ, μ に属する固有ベクトル $\boldsymbol{p}, \boldsymbol{q}$ を用いて $P = (\boldsymbol{p} \quad \boldsymbol{q})$ とおく.すると,定理 2.2.4 により P は正則で,

$$AP = (A\boldsymbol{p} \quad A\boldsymbol{q}) = (\lambda\boldsymbol{p} \quad \mu\boldsymbol{q}) = (\boldsymbol{p} \quad \boldsymbol{q})\begin{pmatrix} \lambda & 0 \\ 0 & \mu \end{pmatrix} = P\begin{pmatrix} \lambda & 0 \\ 0 & \mu \end{pmatrix}$$

となるから,

$$P^{-1}AP = \begin{pmatrix} \lambda & 0 \\ 0 & \mu \end{pmatrix}$$

である (対角化可能).

$\boxed{2}$ ケーリー‐ハミルトンの定理により $(A - \lambda E_2)^2 = O_2$ である.さらに2つの場合に細分される.

(1) <u>$A - \lambda E_2 = O_2$ の場合</u> $A = \lambda E_2$ だから,正則行列 P をどう選んでも

$$P^{-1}AP = P^{-1}(\lambda E_2)P = \lambda P^{-1}E_2 P = \lambda E_2 = \begin{pmatrix} \lambda & 0 \\ 0 & \lambda \end{pmatrix}$$

となる (対角化可能).

(2) <u>$A - \lambda E_2 \neq O_2$ の場合</u> $A - \lambda E_2 \neq O_2$ より,$1 \leqq \text{rank}(A - \lambda E_2)$ である.また,λ は A の固有値だから $A - \lambda E_2 = -(\lambda E_2 - A)$ は正則でなく,したがって $\text{rank}(A - \lambda E_2) < 2$ である.ゆえに $\text{rank}(A - \lambda E_2) = 1$ だから,定理 1.3.5 により $\dim W(A; \lambda) = 1$ となる.λ は A の唯一の固有値だから,定理 2.2.7 により A は対角化できない.

さて,$(A - \lambda E_2)\boldsymbol{q} \neq \boldsymbol{0}$ となるベクトル $\boldsymbol{q}$ を1つ見つけ,ベクトル $\boldsymbol{p}$ を

$$\boldsymbol{p} - (A - \lambda E_2)\boldsymbol{q}$$

と定める. このとき

$$\begin{cases} (A - \lambda E_2)\boldsymbol{p} = (A - \lambda E_2)^2\boldsymbol{q} = O_2\boldsymbol{q} = \boldsymbol{0} \\ (A - \lambda E_2)\boldsymbol{q} = \boldsymbol{p} \end{cases} \quad \text{より} \quad \begin{cases} A\boldsymbol{p} = \lambda\boldsymbol{p} \\ A\boldsymbol{q} = \boldsymbol{p} + \lambda\boldsymbol{q} \end{cases}$$

であるから, $P = (\boldsymbol{p} \quad \boldsymbol{q})$ とおくと

$$AP = (A\boldsymbol{p} \quad A\boldsymbol{q}) = (\lambda\boldsymbol{p} \quad \boldsymbol{p} + \lambda\boldsymbol{q}) = (\boldsymbol{p} \quad \boldsymbol{q})\begin{pmatrix} \lambda & 1 \\ 0 & \lambda \end{pmatrix} = P\begin{pmatrix} \lambda & 1 \\ 0 & \lambda \end{pmatrix}$$

となる. 後は, この P が正則であることを示せばよい. そのためには, $\operatorname{rank} P = 2$ であることをいえばよい. そこで,

$$x\boldsymbol{p} + y\boldsymbol{q} = \boldsymbol{0} \quad \cdots\cdots\cdots \text{①}$$

とする. ①の両辺に左から A をかけて整理すると,

$$(\lambda x + y)\boldsymbol{p} + \lambda y\boldsymbol{q} = \boldsymbol{0} \quad \cdots\cdots \text{②}$$

①の両辺に λ をかけると,

$$\lambda x\boldsymbol{p} + \lambda y\boldsymbol{q} = \boldsymbol{0} \quad \cdots\cdots\cdots \text{③}$$

②から③を引くと $y\boldsymbol{p} = \boldsymbol{0}$ となるが, $\boldsymbol{p} = (A - \lambda E_2)\boldsymbol{q} \neq \boldsymbol{0}$ であるから $y = 0$ でなければならない. すると, ①より $x\boldsymbol{p} = \boldsymbol{0}$ となるが, やはり $\boldsymbol{p} \neq \boldsymbol{0}$ である ことから $x = 0$ でなければならない. つまり, ①が成り立つのは $x = y = 0$ の ときに限る. よって P は正則であり,

$$P^{-1}AP = \begin{pmatrix} \lambda & 1 \\ 0 & \lambda \end{pmatrix}$$

となる. □

例 **2.4.1** $A = \begin{pmatrix} 1 & 4 \\ -1 & 5 \end{pmatrix}$ に対して, 固有多項式は $\Phi_A(x) = (x - 3)^2$ であるか ら, ケーリー - ハミルトンの定理により $(A - 3E_2)^2 = O_3$ となる. また,

$$A - 3E_2 = \begin{pmatrix} -2 & 4 \\ -1 & 2 \end{pmatrix}$$

である.

1) $(A-3E_3)\boldsymbol{q}\neq\boldsymbol{0}$ となるベクトル $\boldsymbol{q}$ を選ぶ. この A の場合, $\boldsymbol{q}=\boldsymbol{e}_1$ とすればよい.

2) $\boldsymbol{p}=(A-3E_3)\boldsymbol{q}$ とおく. このとき, $(A-3E_3)\boldsymbol{p}=(A-3E_3)^2\boldsymbol{q}=O_2\boldsymbol{q}=\boldsymbol{0}$ であるから, $\boldsymbol{p}$ は A の固有ベクトルである.

3) $\boldsymbol{p},\boldsymbol{q}$ の定め方から,

$$Ap=3\boldsymbol{p},\quad A\boldsymbol{q}=\boldsymbol{p}+3\boldsymbol{q}$$

である. 行列 $(\boldsymbol{p}\ \ \boldsymbol{q})$ を P とおく. 具体的には,

$$\boldsymbol{p}=\begin{pmatrix}-2\\-1\end{pmatrix},\quad \boldsymbol{q}=\begin{pmatrix}1\\0\end{pmatrix}\quad\text{より}\quad P=\begin{pmatrix}-2&1\\-1&0\end{pmatrix}$$

である. このとき, 上に述べたことから,

$$AP=(A\boldsymbol{p}\ \ A\boldsymbol{q})=(3\boldsymbol{p}\ \ \boldsymbol{p}+3\boldsymbol{q})$$
$$=(\boldsymbol{p}\ \ \boldsymbol{q})\begin{pmatrix}3&1\\0&3\end{pmatrix}=P\begin{pmatrix}3&1\\0&3\end{pmatrix}$$

となる. しかも, P は正則だから, この P により A はジョルダン行列に変換される. すなわち,

$$P^{-1}AP=\begin{pmatrix}3&1\\0&3\end{pmatrix}$$

である. ∎

2.4.2 3次の場合

定理 2.4.2 3次正方行列は, 適当な正則行列 P により次のいずれかの形 (これらを3次のジョルダン標準形あるいはジョルダン行列という) に変換される.

$$\begin{pmatrix}\lambda&0&0\\0&\mu&0\\0&0&\nu\end{pmatrix},\quad\begin{pmatrix}\lambda&0&0\\0&\mu&0\\0&0&\mu\end{pmatrix},\quad\begin{pmatrix}\lambda&0&0\\0&\mu&1\\0&0&\mu\end{pmatrix},$$

$$\begin{pmatrix} \lambda & 0 & 0 \\ 0 & \lambda & 0 \\ 0 & 0 & \lambda \end{pmatrix}, \quad \begin{pmatrix} \lambda & 0 & 0 \\ 0 & \lambda & 1 \\ 0 & 0 & \lambda \end{pmatrix}, \quad \begin{pmatrix} \lambda & 1 & 0 \\ 0 & \lambda & 1 \\ 0 & 0 & \lambda \end{pmatrix}$$

証明　A を3次正方行列とする．A の固有多項式は，次のいずれかの形に因数分解される．

1　$\Phi_A(x) = (x - \lambda)(x - \mu)(x - \nu)$　（λ, μ, ν はすべて異なる）

2　$\Phi_A(x) = (x - \lambda)(x - \mu)^2$　（$\lambda \neq \mu$）

3　$\Phi_A(x) = (x - \lambda)^3$

　以下，1，3の場合を議論する．2については節末問題 **3**，**4** として残しておく．

1　固有値 λ, μ, ν に属する固有ベクトル $\boldsymbol{p}, \boldsymbol{q}, \boldsymbol{r}$ を用いて $P = (\boldsymbol{p} \quad \boldsymbol{q} \quad \boldsymbol{r})$ とおく．すると，定理 2.2.4 により P は正則で，

$$AP = (A\boldsymbol{p} \quad A\boldsymbol{q} \quad A\boldsymbol{r}) = (\lambda\boldsymbol{p} \quad \mu\boldsymbol{q} \quad \nu\boldsymbol{r})$$

$$= (\boldsymbol{p} \quad \boldsymbol{q} \quad \boldsymbol{r}) \begin{pmatrix} \lambda & 0 & 0 \\ 0 & \mu & 0 \\ 0 & 0 & \nu \end{pmatrix} = P \begin{pmatrix} \lambda & 0 & 0 \\ 0 & \mu & 0 \\ 0 & 0 & \nu \end{pmatrix}$$

となるから，

$$P^{-1}AP = \begin{pmatrix} \lambda & 0 & 0 \\ 0 & \mu & 0 \\ 0 & 0 & \nu \end{pmatrix}$$

である (対角化可能)．

3　ケーリー‐ハミルトンの定理により $(A - \lambda E_3)^3 = O_3$ である．さらに3つの場合に細分される．

(1) <u>$A - \lambda E_3 = O_3$ の場合</u>　$A = \lambda E_3$ だから，正則行列 P をどう選んでも

$$P^{-1}AP = P^{-1}(\lambda E_3)P = \lambda P^{-1}E_3 P = \lambda E_3 = \begin{pmatrix} \lambda & 0 & 0 \\ 0 & \lambda & 0 \\ 0 & 0 & \lambda \end{pmatrix}$$

となる (対角化可能)．

(2) $\underline{A - \lambda E_3 \neq O_3 \text{ かつ } (A - \lambda E_3)^2 = O_3 \text{ の場合}}$ $(A - \lambda E_3)^2 = O_3$ だから，命題 1.4.2 により $2\operatorname{rank}(A - \lambda E_3) \leqq 3$, すなわち，$\operatorname{rank}(A - \lambda E_3) \leqq 1$ である．また，$A - \lambda E_3 \neq O_3$ より $1 \leqq \operatorname{rank}(A - \lambda E_3)$ である．ゆえに $\operatorname{rank}(A - \lambda E_3) = 1$ となるから，定理 1.3.5 により $\dim W(A; \lambda) = 2$ である．λ は A の唯一の固有値だから，定理 2.2.7 により A は対角化できない．

さて，$(A - \lambda E_3)\boldsymbol{r} \neq \boldsymbol{0}$ となるベクトル $\boldsymbol{r}$ を 1 つ見つけ，ベクトル $\boldsymbol{q}$ を

$$\boldsymbol{q} = (A - \lambda E_3)\boldsymbol{r}$$

と定める．このとき $\boldsymbol{q} \neq \boldsymbol{0}$ であり，かつ

$$\begin{cases} (A - \lambda E_3)\boldsymbol{q} = (A - \lambda E_3)^2 \boldsymbol{r} = O_3 \boldsymbol{r} = \boldsymbol{0} \\ (A - \lambda E_3)\boldsymbol{r} = \boldsymbol{q} \end{cases} \quad \text{より} \quad \begin{cases} A\boldsymbol{q} = \lambda \boldsymbol{q} \\ A\boldsymbol{r} = \ \ \boldsymbol{q} + \lambda \boldsymbol{r} \end{cases}$$

となる．特に，$\boldsymbol{q}$ は固有値 λ に属する固有ベクトルである．

最後に，固有値 λ に属する固有ベクトルのうち $\boldsymbol{q}$ のスカラー倍で表せないものを 1 つ見つけ，それを $\boldsymbol{p}$ とおく．上に示したように $\dim W(A; \lambda) = 2$ だから，このような $\boldsymbol{p}$ は実際に存在する．

上記のようにして定めた $\boldsymbol{p}, \boldsymbol{q}, \boldsymbol{r}$ を用いて $P = (\boldsymbol{p} \ \ \boldsymbol{q} \ \ \boldsymbol{r})$ とおくと，

$$AP = (A\boldsymbol{p} \ \ A\boldsymbol{q} \ \ A\boldsymbol{r}) = (\lambda \boldsymbol{p} \ \ \lambda \boldsymbol{q} \ \ \boldsymbol{q} + \lambda \boldsymbol{r})$$

$$= (\boldsymbol{p} \ \ \boldsymbol{q} \ \ \boldsymbol{r}) \begin{pmatrix} \lambda & 0 & 0 \\ 0 & \lambda & 1 \\ 0 & 0 & \lambda \end{pmatrix} = P \begin{pmatrix} \lambda & 0 & 0 \\ 0 & \lambda & 1 \\ 0 & 0 & \lambda \end{pmatrix}$$

となる．後はこの P が正則であることを示せばよい．そのためには，$\operatorname{rank} P = 3$ であることをいえばよい．そこで，

$$x\boldsymbol{p} + y\boldsymbol{q} + z\boldsymbol{r} = \boldsymbol{0} \ \cdots\cdots\cdots \ ①$$

とする．①の両辺に左から A をかけて整理すると，

$$\lambda x\boldsymbol{p} + (\lambda y + z)\boldsymbol{q} + \lambda z\boldsymbol{r} = \boldsymbol{0} \ \cdots \ ②$$

①の両辺に λ をかけると,

$$\lambda x \boldsymbol{p} + \lambda y \boldsymbol{q} + \lambda z \boldsymbol{r} = \boldsymbol{0} \ \cdots\cdots \ ③$$

②から③を引くと $z\boldsymbol{q} = \boldsymbol{0}$ となるが, $\boldsymbol{q}$ は $\boldsymbol{q} \neq \boldsymbol{0}$ となるように定めたのだから, $z = 0$ でなければならない. すると, ①より

$$x \boldsymbol{p} + y \boldsymbol{q} = \boldsymbol{0} \ \cdots\cdots\cdots \ ④$$

である. もし $x \neq 0$ ならば, ④より $\boldsymbol{p} = -\dfrac{y}{x}\boldsymbol{q}$ と表せてしまい, $\boldsymbol{p}$ の選び方に反する. ゆえに $x = 0$ でなければならない. このことと④より $y = 0$ も得られる. つまり, ①が成り立つのは $x = y = z = 0$ のときに限る. よって P は正則であり,

$$P^{-1}AP = \begin{pmatrix} \lambda & 0 & 0 \\ 0 & \lambda & 1 \\ 0 & 0 & \lambda \end{pmatrix}$$

となる.

(3)　$\underline{(A - \lambda E_3)^2 \neq O_3 \text{ の場合}}$　このとき $A - \lambda E_3 \neq O_3$ でなければならず. したがって $1 \leq \mathrm{rank}(A - \lambda E_3)$ であるから, 定理 1.3.5 により $\dim W(A; \lambda) < 3$ となる. λ は A の唯一の固有値だから, 定理 2.2.7 により A は対角化できない.

さて, $(A - \lambda E_3)^2 \boldsymbol{r} \neq \boldsymbol{0}$ となるベクトル $\boldsymbol{r}$ を 1 つ見つけ, ベクトル $\boldsymbol{p}, \boldsymbol{q}$ を

$$\begin{cases} \boldsymbol{q} = (A - \lambda E_3)\boldsymbol{r} \\ \boldsymbol{p} = (A - \lambda E_3)\boldsymbol{q} = (A - \lambda E_3)^2 \boldsymbol{r} \end{cases}$$

と定める. このとき,

$$\begin{cases} (A - \lambda E_3)\boldsymbol{p} = (A - \lambda E_3)^3 \boldsymbol{r} = O_3 \boldsymbol{r} = \boldsymbol{0} \\ (A - \lambda E_3)\boldsymbol{q} = \boldsymbol{p} \\ (A - \lambda E_3)\boldsymbol{r} = \boldsymbol{q} \end{cases} \quad \text{より} \quad \begin{cases} A\boldsymbol{p} = \lambda \boldsymbol{p} \\ A\boldsymbol{q} = \boldsymbol{p} + \lambda \boldsymbol{q} \\ A\boldsymbol{r} = \boldsymbol{q} + \lambda \boldsymbol{r} \end{cases}$$

である.

上記のようにして定めた $\boldsymbol{p}$, $\boldsymbol{q}$, $\boldsymbol{r}$ を用いて $P = (\boldsymbol{p} \quad \boldsymbol{q} \quad \boldsymbol{r})$ とおくと,

$$AP = (A\boldsymbol{p} \quad A\boldsymbol{q} \quad A\boldsymbol{r}) = (\lambda\boldsymbol{p} \quad \boldsymbol{p} + \lambda\boldsymbol{q} \quad \boldsymbol{q} + \lambda\boldsymbol{r})$$

$$= (\boldsymbol{p} \quad \boldsymbol{q} \quad \boldsymbol{r}) \begin{pmatrix} \lambda & 1 & 0 \\ 0 & \lambda & 1 \\ 0 & 0 & \lambda \end{pmatrix} = P \begin{pmatrix} \lambda & 1 & 0 \\ 0 & \lambda & 1 \\ 0 & 0 & \lambda \end{pmatrix}$$

となる. この P が正則であることの証明は, 節末問題 **1** として残しておく. 以上により,

$$P^{-1}AP = \begin{pmatrix} \lambda & 1 & 0 \\ 0 & \lambda & 1 \\ 0 & 0 & \lambda \end{pmatrix}$$

となる. □

例 2.4.2 $A = \begin{pmatrix} 6 & -5 & -5 \\ 3 & -2 & -3 \\ 2 & -2 & -1 \end{pmatrix}$ に対して, 固有多項式は $\varPhi_A(x) = (x-1)^3$ であるから, ケーリー - ハミルトンの定理により $(A - E_3)^3 = O_3$ となる. そこで, $(A - E_3)^i$ を $i = 1, 2$ に対して求めてみると,

$$A - E_3 = \begin{pmatrix} 5 & -5 & -5 \\ 3 & -3 & -3 \\ 2 & -2 & -2 \end{pmatrix}, \qquad (A - E_3)^2 = \begin{pmatrix} 5 & -5 & -5 \\ 3 & -3 & -3 \\ 2 & -2 & -2 \end{pmatrix}^2 = O_3$$

である.

1) $(A - E_3)\boldsymbol{r} \neq \boldsymbol{0}$ となるベクトル $\boldsymbol{r}$ を選ぶ. この A の場合, $\boldsymbol{r} = \boldsymbol{e}_1$ とすればよい.

2) $\boldsymbol{q} = (A - E_3)\boldsymbol{r}$ とおく. このとき, $(A - E_3)\boldsymbol{q} = (A - E_3)^2\boldsymbol{r} = O_3\boldsymbol{r} = \boldsymbol{0}$ であるから, $\boldsymbol{q}$ は A の固有ベクトルである.

3) 固有空間 $W(A; 1)$ を求め, その中から $\boldsymbol{q}$ のスカラー倍で表せないベクトルを 1 つ選び, それを $\boldsymbol{p}$ とおく. 同次連立 1 次方程式 $(E - A)\boldsymbol{x} = \boldsymbol{0}$ の係数行列

の簡約化は $\begin{pmatrix} 1 & -1 & -1 \\ 0 & 0 & 0 \\ 0 & 0 & 0 \end{pmatrix}$ となるから，$W(A;1) = \left\langle \begin{pmatrix} 1 \\ 1 \\ 0 \end{pmatrix}, \begin{pmatrix} 1 \\ 0 \\ 1 \end{pmatrix} \right\rangle$ である.

この計算結果と $\boldsymbol{q} = \begin{pmatrix} 5 \\ 3 \\ 2 \end{pmatrix}$ であることから，$\boldsymbol{p} = \begin{pmatrix} 1 \\ 1 \\ 0 \end{pmatrix}$ とすればよい.

4) $\boldsymbol{p}$, $\boldsymbol{q}$, $\boldsymbol{r}$ の選び方から，

$$A\boldsymbol{p} = \boldsymbol{p}, \quad A\boldsymbol{q} = \boldsymbol{q}, \quad A\boldsymbol{r} = \boldsymbol{q} + \boldsymbol{r}$$

である．行列 $(\boldsymbol{p} \quad \boldsymbol{q} \quad \boldsymbol{r})$ を P とおく．具体的には，

$$\boldsymbol{p} = \begin{pmatrix} 1 \\ 1 \\ 0 \end{pmatrix}, \quad \boldsymbol{q} = \begin{pmatrix} 5 \\ 3 \\ 2 \end{pmatrix}, \quad \boldsymbol{r} = \begin{pmatrix} 1 \\ 0 \\ 0 \end{pmatrix} \quad \text{より} \quad P = \begin{pmatrix} 1 & 5 & 1 \\ 1 & 3 & 0 \\ 0 & 2 & 0 \end{pmatrix}$$

である．このとき，上に述べたことから，

$$AP = (A\boldsymbol{p} \quad A\boldsymbol{q} \quad A\boldsymbol{r}) = (\boldsymbol{p} \quad \boldsymbol{q} \quad \boldsymbol{q} + \boldsymbol{r})$$
$$= (\boldsymbol{p} \quad \boldsymbol{q} \quad \boldsymbol{r}) \begin{pmatrix} 1 & 0 & 0 \\ 0 & 1 & 1 \\ 0 & 0 & 1 \end{pmatrix} = P \begin{pmatrix} 1 & 0 & 0 \\ 0 & 1 & 1 \\ 0 & 0 & 1 \end{pmatrix}$$

となる．しかも，P は正則だから，この P により A はジョルダン行列に変換される．すなわち，

$$P^{-1}AP = \begin{pmatrix} 1 & 0 & 0 \\ 0 & 1 & 1 \\ 0 & 0 & 1 \end{pmatrix}$$

である． ∎

例 **2.4.3** $A = \begin{pmatrix} 3 & -2 & 1 \\ 1 & 0 & 1 \\ 1 & -2 & 3 \end{pmatrix}$ に対して，固有多項式は $\Phi_A(x) = (x-2)^3$ であるから，ケーリー - ハミルトンの定理により $(A - 2E_3)^3 = O_3$ となる．そこで，

$(A - 2E_3)^i$ を $i = 1, 2$ に対して求めてみると,

$$A - 2E_3 = \begin{pmatrix} 1 & -2 & 1 \\ 1 & -2 & 1 \\ 1 & -2 & 1 \end{pmatrix}, \qquad (A - 2E_3)^2 = \begin{pmatrix} 1 & -2 & 1 \\ 1 & -2 & 1 \\ 1 & -2 & 1 \end{pmatrix}^2 = O_3$$

である.

1) $(A - 2E_3)\boldsymbol{r} \neq \boldsymbol{0}$ となるベクトル $\boldsymbol{r}$ を選ぶ. この A の場合, $\boldsymbol{r} = \boldsymbol{e}_1$ とすればよい.

2) $\boldsymbol{q} = (A - 2E_3)\boldsymbol{r}$ とおく. このとき, $(A - 2E_3)\boldsymbol{q} = (A - 2E_3)^2\boldsymbol{r} = O_3\boldsymbol{r} = \boldsymbol{0}$ であるから, $\boldsymbol{q}$ は A の固有ベクトルである.

3) 固有空間 $W(A; 2)$ を求め, その中から $\boldsymbol{q}$ のスカラー倍で表せないベクトルを 1 つ選び, それを $\boldsymbol{p}$ とおく. 同次連立 1 次方程式 $(2E - A)\boldsymbol{x} = \boldsymbol{0}$ の係数行列の簡約化は $\begin{pmatrix} 1 & -2 & 1 \\ 0 & 0 & 0 \\ 0 & 0 & 0 \end{pmatrix}$ となるから, $W(A; 2) = \left\langle \begin{pmatrix} 2 \\ 1 \\ 0 \end{pmatrix}, \begin{pmatrix} -1 \\ 0 \\ 1 \end{pmatrix} \right\rangle$ である.

この計算結果と $\boldsymbol{q} = \begin{pmatrix} 1 \\ 1 \\ 1 \end{pmatrix}$ であることから, $\boldsymbol{p} = \begin{pmatrix} 2 \\ 1 \\ 0 \end{pmatrix}$ とすればよい.

4) $\boldsymbol{p}, \boldsymbol{q}, \boldsymbol{r}$ の選び方から,

$$A\boldsymbol{p} = 2\boldsymbol{p}, \quad A\boldsymbol{q} = 2\boldsymbol{q}, \quad A\boldsymbol{r} = \boldsymbol{q} + 2\boldsymbol{r}$$

である. 行列 $(\boldsymbol{p} \quad \boldsymbol{q} \quad \boldsymbol{r})$ を P とおく. 具体的には,

$$\boldsymbol{p} = \begin{pmatrix} 2 \\ 1 \\ 0 \end{pmatrix}, \quad \boldsymbol{q} = \begin{pmatrix} 1 \\ 1 \\ 1 \end{pmatrix}, \quad \boldsymbol{r} = \begin{pmatrix} 1 \\ 0 \\ 0 \end{pmatrix} \quad \text{より} \quad P = \begin{pmatrix} 2 & 1 & 1 \\ 1 & 1 & 0 \\ 0 & 1 & 0 \end{pmatrix}$$

である. このとき, 上に述べたことから,

$$AP = (A\boldsymbol{p} \quad A\boldsymbol{q} \quad A\boldsymbol{r}) = (2\boldsymbol{p} \quad 2\boldsymbol{q} \quad \boldsymbol{q} + 2\boldsymbol{r})$$

$$= (\boldsymbol{p} \quad \boldsymbol{q} \quad \boldsymbol{r}) \begin{pmatrix} 2 & 0 & 0 \\ 0 & 2 & 1 \\ 0 & 0 & 2 \end{pmatrix} = P \begin{pmatrix} 2 & 0 & 0 \\ 0 & 2 & 1 \\ 0 & 0 & 2 \end{pmatrix}$$

となる. しかも, P は正則だから, この P により A はジョルダン行列に変換される. すなわち,

$$P^{-1}AP = \begin{pmatrix} 2 & 0 & 0 \\ 0 & 2 & 1 \\ 0 & 0 & 2 \end{pmatrix}$$

である. ■

例 2.4.4　$A = \begin{pmatrix} -1 & -2 & 1 \\ 2 & -6 & 5 \\ 1 & -2 & 1 \end{pmatrix}$ に対して, 固有多項式は $\Phi_A(x) = (x+2)^3$ であるから, ケーリー - ハミルトンの定理により $(A + 2E_3)^3 = O_3$ となる. そこで, $(A + 2E_3)^i$ を $i = 1, 2$ に対して求めてみると,

$$A + 2E_3 = \begin{pmatrix} 1 & -2 & 1 \\ 2 & -4 & 5 \\ 1 & -2 & 3 \end{pmatrix}, \quad (A + 2E_3)^2 = \begin{pmatrix} 1 & -2 & 1 \\ 2 & -4 & 5 \\ 1 & -2 & 3 \end{pmatrix}^2 = \begin{pmatrix} -2 & 4 & -6 \\ -1 & 2 & -3 \\ 0 & 0 & 0 \end{pmatrix}$$

である.

1) $(A + 2E_3)^2 \boldsymbol{r} \neq \boldsymbol{0}$ となるベクトル $\boldsymbol{r}$ を選ぶ. この A の場合, $\boldsymbol{r} = \boldsymbol{e}_1$ とすればよい.

2) $\boldsymbol{q} = (A + 2E_3)\boldsymbol{r}$, $\boldsymbol{p} = (A + 2E_3)^2 \boldsymbol{r}$ とおく.

3) $\boldsymbol{p}, \boldsymbol{q}, \boldsymbol{r}$ の選び方から,

$$A\boldsymbol{p} = -2\boldsymbol{p}, \quad A\boldsymbol{q} = \boldsymbol{p} - 2\boldsymbol{q}, \quad A\boldsymbol{r} = \boldsymbol{q} - 2\boldsymbol{r}$$

である. 行列 $(\boldsymbol{p} \quad \boldsymbol{q} \quad \boldsymbol{r})$ を P とおく. 具体的には,

$$\boldsymbol{p} = \begin{pmatrix} -2 \\ -1 \\ 0 \end{pmatrix}, \quad \boldsymbol{q} = \begin{pmatrix} 1 \\ 2 \\ 1 \end{pmatrix}, \quad \boldsymbol{r} = \begin{pmatrix} 1 \\ 0 \\ 0 \end{pmatrix} \quad \text{より} \quad P = \begin{pmatrix} -2 & 1 & 1 \\ -1 & 2 & 0 \\ 0 & 1 & 0 \end{pmatrix}$$

である. このとき, 上に述べたことから,

$$AP = (A\boldsymbol{p} \quad A\boldsymbol{q} \quad A\boldsymbol{r}) = (-2\boldsymbol{p} \quad \boldsymbol{p} - 2\boldsymbol{q} \quad \boldsymbol{q} - 2\boldsymbol{r})$$

$$= (\boldsymbol{p} \quad \boldsymbol{q} \quad \boldsymbol{r}) \begin{pmatrix} -2 & 1 & 0 \\ 0 & -2 & 1 \\ 0 & 0 & -2 \end{pmatrix} = P \begin{pmatrix} -2 & 1 & 0 \\ 0 & -2 & 1 \\ 0 & 0 & -2 \end{pmatrix}$$

となる. しかも, P は正則だから, この P により A はジョルダン行列に変換される. すなわち,

$$P^{-1}AP = \begin{pmatrix} -2 & 1 & 0 \\ 0 & -2 & 1 \\ 0 & 0 & -2 \end{pmatrix}$$

である.

問題 2.4

1. 定理 2.4.2 の証明中の $\boxed{3}$ (3) の場合における行列 P が正則であることを示せ.

2. 次の行列をジョルダン標準形に変換せよ.

(1) $\begin{pmatrix} 3 & 1 \\ -1 & 1 \end{pmatrix}$ 　　(2) $\begin{pmatrix} 1 & -1 \\ 1 & -1 \end{pmatrix}$

(3) $\begin{pmatrix} -2 & 3 & -1 \\ -1 & 2 & -1 \\ -2 & 6 & -3 \end{pmatrix}$ 　　(4) $\begin{pmatrix} -5 & -1 & 2 \\ -3 & -3 & 2 \\ -6 & -2 & 2 \end{pmatrix}$

(5) $\begin{pmatrix} 1 & -1 & 2 \\ 2 & 7 & -7 \\ 1 & 3 & -2 \end{pmatrix}$ 　　(6) $\begin{pmatrix} 5 & -4 & 2 \\ 2 & -1 & 3 \\ 1 & -2 & 5 \end{pmatrix}$

3. A は 3 次正方行列で, $\Phi_A(x) = (x - \lambda)(x - \mu)^2$ $(\lambda \neq \mu)$ とする. このとき, もし $(A - \lambda E_3)(A - \mu E_3) = O_3$ ならば, A は対角化可能であることを示せ.

4. A は 3 次正方行列で，$\Phi_A(x) = (x - \lambda)(x - \mu)^2$ $(\lambda \neq \mu)$ とし，さらに，$(A - \lambda E_3)(A - \mu E_3) \neq O_3$ とする．このとき，以下のことを示せ．

(1) $(A - \lambda E_3)(A - \mu E_3)\boldsymbol{r}' \neq \boldsymbol{0}$ となるベクトル $\boldsymbol{r}'$ を選び，

$$\boldsymbol{r} = (A - \lambda E_3)\boldsymbol{r}', \qquad \boldsymbol{q} = (A - \mu E_3)\boldsymbol{r}$$

とおく．このとき，$\boldsymbol{q}$ は固有値 μ に属する固有ベクトルである．

(2) $\boldsymbol{q}, \boldsymbol{r}$ を (1) で定めたベクトルとし，さらに，$\boldsymbol{p}$ を固有値 λ に属する固有ベクトルとする．このとき，3 次正方行列 $P = (\boldsymbol{p} \quad \boldsymbol{q} \quad \boldsymbol{r})$ は正則である．

(3) (2) で定めた P に対して，$P^{-1}AP = \begin{pmatrix} \lambda & 0 & 0 \\ 0 & \mu & 1 \\ 0 & 0 & \mu \end{pmatrix}$ が成り立つ．

5. 問題 **4** を参考にして，次の行列をジョルダン標準形に変換せよ．

(1) $\begin{pmatrix} 4 & 1 & -5 \\ -4 & -1 & 4 \\ 1 & 1 & -2 \end{pmatrix}$ 　　(2) $\begin{pmatrix} -2 & 5 & -9 \\ -5 & 6 & -9 \\ -2 & 1 & -1 \end{pmatrix}$

第3章　内積

3.1　グラム - シュミットの直交化法

3.1.1　2つの幾何学的ベクトルの正規直交化

座標平面上の3点 O, A, B は同一直線上にないとし，$\overrightarrow{OA}, \overrightarrow{OB}$ をそれぞれ $\vec{a}$, $\vec{b}$ とおく．また，点 B から直線 OA に下ろした垂線の足を H とし，

$$\vec{b'} = \vec{b} - \overrightarrow{OH}$$

とおくと，

$$\vec{b'} \perp \vec{a}$$

である．

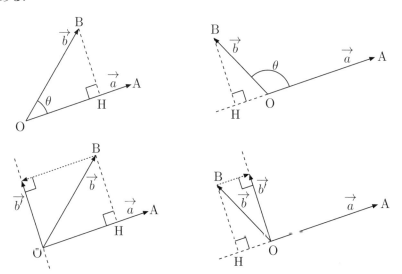

　図では，どちらも $\vec{a}$ から $\vec{b}$ に向かって反時計回りとなっているが，時計回りの場合も同様である.

　$\vec{b}$ を $\vec{a}$, $\vec{b}$ で表すことを考えよう.　まず，3 点 O, A, H は同一直線上にあるから，ある実数 k を用いて

$$\overrightarrow{\mathrm{OH}} = k\vec{a}$$

と表される.　この k に対して，

$$|\overrightarrow{\mathrm{OH}}| = |k||\vec{a}| \qquad \text{すなわち} \qquad |k| = \frac{|\overrightarrow{\mathrm{OH}}|}{|\vec{a}|}$$

が成り立つ.　一方，$\vec{a}$, $\vec{b}$ のなす角を θ $(0 < \theta < \pi)$ とすると，

$$\vec{a} \cdot \vec{b} = |\vec{a}||\vec{b}|\cos\theta \qquad \text{かつ} \qquad |\overrightarrow{\mathrm{OH}}| = ||\vec{b}|\cos\theta|$$

である.　よって，$|\overrightarrow{\mathrm{OH}}| = \dfrac{|\vec{a} \cdot \vec{b}|}{|\vec{a}|}$ であるから，

$$|k| = \frac{|\vec{a} \cdot \vec{b}|}{|\vec{a}|^2}$$

を得る.　実は，この等式の両辺の絶対値ははずすことができる.　すなわち，

$$k = \frac{\vec{a} \cdot \vec{b}}{|\vec{a}|^2} \tag{3.1.1}$$

が成り立つ.　このことを示すためには，k と $\vec{a} \cdot \vec{b}$ の符号が一致することをいえばよい.

1) $k > 0$ のとき，$\overrightarrow{\mathrm{OH}}$ は $\vec{a}$ と向きが同じであるから，$0 < \theta < \dfrac{\pi}{2}$ となる.　この範囲の θ に対しては $\cos\theta > 0$ であるから，$\vec{a} \cdot \vec{b} > 0$.

2) $k < 0$ のとき，$\overrightarrow{\mathrm{OH}}$ は $\vec{a}$ と向きが反対であるから，$\dfrac{\pi}{2} < \theta < \pi$ となる.　この範囲の θ に対しては $\cos\theta < 0$ であるから，$\vec{a} \cdot \vec{b} < 0$.

以上により, k と $\overrightarrow{a}\cdot\overrightarrow{b}$ の符号が一致することがわかった. よって, (3.1.1) が成り立つ. ゆえに,

$$\overrightarrow{b'} = \overrightarrow{b} - \frac{\overrightarrow{a}\cdot\overrightarrow{b}}{|\overrightarrow{a}|^2}\overrightarrow{a}$$

である. さて,

$$\overrightarrow{w_1} = \frac{1}{|\overrightarrow{a}|}\overrightarrow{a}, \quad \overrightarrow{w_2} = \frac{1}{|\overrightarrow{b'}|}\overrightarrow{b'}$$

と定めれば, $\overrightarrow{w_1}, \overrightarrow{w_2}$ について次のことが成り立つ.

$$|\overrightarrow{w_1}| = 1, \quad |\overrightarrow{w_2}| = 1, \quad \overrightarrow{w_1}\cdot\overrightarrow{w_2} = 0 \tag{3.1.2}$$

例 **3.1.1** $\overrightarrow{a} = (1,1), \overrightarrow{b} = (-1,2)$ とすると,

$$|\overrightarrow{a}|^2 = 1^2+1^2 = 2, \quad \overrightarrow{a}\cdot\overrightarrow{b} = 1(-1)+1\cdot2 = 1 \quad \text{より} \quad \frac{\overrightarrow{a}\cdot\overrightarrow{b}}{|\overrightarrow{a}|^2} = \frac{1}{2}$$

であるから,

$$\overrightarrow{b'} = \overrightarrow{b} - \frac{1}{2}\overrightarrow{a} = (-1,2) - \frac{1}{2}(1,1) = \frac{3}{2}(-1,1), \quad |\overrightarrow{b'}| = \frac{3}{2}\sqrt{2}$$

となる. そこで, $\overrightarrow{w_1}, \overrightarrow{w_2}$ を

$$\overrightarrow{w_1} = \frac{1}{|\overrightarrow{a}|}\overrightarrow{a} = \frac{1}{\sqrt{2}}(1,1), \quad \overrightarrow{w_2} = \frac{1}{|\overrightarrow{b'}|}\overrightarrow{b'} = \frac{1}{\sqrt{2}}(-1,1)$$

と定めると, (3.1.2) が成り立つ.

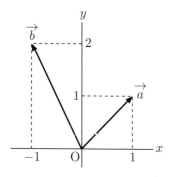
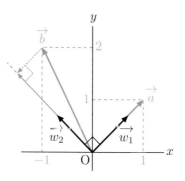

$\vec{a}$, $\vec{b}$ から上のようにして (3.1.2) を満たす $\vec{w_1}$, $\vec{w_2}$ をつくる方法は，$\vec{a}$, $\vec{b}$ が空間のベクトルである場合にも通用する．

例 3.1.2 $\vec{a} = (1, -1, 2)$, $\vec{b} = (1, 2, -1)$ とすると，

$$\begin{cases} |\vec{a}|^2 = 1^2 + (-1)^2 + 2^2 = 6 \\ \vec{a} \cdot \vec{b} = 1 \cdot 1 + (-1) \cdot 2 + 2 \cdot (-1) = -3 \end{cases} \quad \text{より} \quad \frac{\vec{a} \cdot \vec{b}}{|\vec{a}|^2} = -\frac{1}{2}$$

であるから，

$$\vec{b'} = \vec{b} - \left(-\frac{1}{2}\right)\vec{a} = (1, 2, -1) + \frac{1}{2}(1, -1, 2) = \frac{3}{2}(1, 1, 0), \quad |\vec{b'}| = \frac{3}{2}\sqrt{2}$$

となる．そこで，$\vec{w_1}$, $\vec{w_2}$ を

$$\vec{w_1} = \frac{1}{|\vec{a}|}\vec{a} = \frac{1}{\sqrt{6}}(1, -1, 2), \qquad \vec{w_2} = \frac{1}{|\vec{b'}|}\vec{b'} = \frac{1}{\sqrt{2}}(1, 1, 0)$$

と定めると，確かに (3.1.2) が成り立つ． ∎

3.1.2 3つの幾何学的ベクトルの正規直交化

3次元空間の4点 O, A, B, C は同一平面上にないとし，$\overrightarrow{OA}$, $\overrightarrow{OB}$, $\overrightarrow{OC}$ をそれぞれ $\vec{a}$, $\vec{b}$, $\vec{c}$ とおく．また，3点 O, A, B により定まるただ1つの平面を α とする．

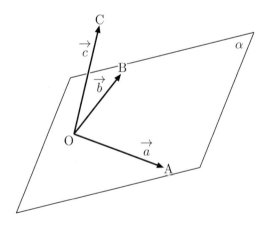

まず，前項の方法で，2 つのベクトル $\vec{a}$, $\vec{b}$ から $\vec{b'}$ を構成する．

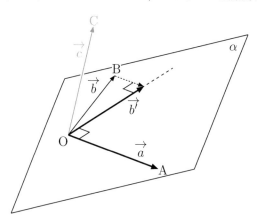

次に，$\vec{a}$, $\vec{b'}$ と $\vec{c}$ を用いて，$\vec{a}$, $\vec{b'}$ と直交するベクトル $\vec{c'}$ をつくる．点 C から平面 α に下ろした垂線の足を H とし，$\overrightarrow{OH}$ を $\vec{h}$ とおくと，ある実数 k, l により

$$\vec{h} = k\vec{a} + l\vec{b'}$$

と表される．ここで，$\vec{a} \cdot \vec{b'} = 0$ より

$$\vec{a} \cdot \vec{h} = k|\vec{a}|^2, \qquad \vec{b'} \cdot \vec{h} = l|\vec{b'}|^2.$$

また，$\vec{h}$ の定め方から

$$\vec{a} \cdot (\vec{c} - \vec{h}) = 0, \qquad \vec{b'} \cdot (\vec{c} - \vec{h}) = 0.$$

よって，

$$k = \frac{\vec{a} \cdot \vec{c}}{|\vec{a}|^2}, \qquad l = \frac{\vec{b'} \cdot \vec{c}}{|\vec{b'}|^2}$$

である．そこで，

$$\vec{c'} = \vec{c} - \vec{h} = \vec{c} - \frac{\vec{a} \cdot \vec{c}}{|\vec{a}|^2}\vec{a} - \frac{\vec{b'} \cdot \vec{c}}{|\vec{b'}|^2}\vec{b'}$$

とおけば, $\vec{a'}$, $\vec{b'}$, $\vec{c'}$ は互いに直交するベクトルとなる.

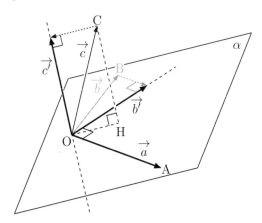

最後に, $\vec{w_1} = \dfrac{1}{|\vec{a'}|}\,\vec{a'}$, $\vec{w_2} = \dfrac{1}{|\vec{b'}|}\,\vec{b'}$, $\vec{w_3} = \dfrac{1}{|\vec{c'}|}\,\vec{c'}$ とおくと,

$$|\vec{w_1}| = |\vec{w_2}| = |\vec{w_3}| = 1, \qquad \vec{w_1} \cdot \vec{w_2} = \vec{w_1} \cdot \vec{w_3} = \vec{w_2} \cdot \vec{w_3} = 0$$

が成り立つ. すなわち, これらはみな大きさが 1 で, かつ互いに直交するベクトルとなる.

3.1.3 数ベクトルにおける内積

実数を成分にもつ 2 つの n 次数ベクトル

$$\boldsymbol{a} = \begin{pmatrix} a_1 \\ a_2 \\ \vdots \\ a_n \end{pmatrix}, \quad \boldsymbol{b} = \begin{pmatrix} b_1 \\ b_2 \\ \vdots \\ b_n \end{pmatrix}$$

に対して, $\boldsymbol{a}$, $\boldsymbol{b}$ の内積 (詳しくは, 標準内積という) $\boldsymbol{a} \cdot \boldsymbol{b}$ を

$$\boldsymbol{a} \cdot \boldsymbol{b} = a_1 b_1 + a_2 b_2 + \cdots + a_n b_n$$

により定める. 内積は, 記号 $(\boldsymbol{a}, \boldsymbol{b})$ で表すことも多い.

$n = 2, 3$ のときは，上の定義は幾何学的ベクトルの内積に一致している．したがって，数ベクトルの内積は，幾何学的ベクトルの内積の概念を直接的に拡張したものであるといえる．

数ベクトルの内積についても，幾何学的ベクトルと同様に以下の性質が成り立つ．

(1) $\boldsymbol{a} \cdot \boldsymbol{b} = \boldsymbol{b} \cdot \boldsymbol{a}$

(2) $\boldsymbol{a} \cdot (\boldsymbol{b} + \boldsymbol{c}) = \boldsymbol{a} \cdot \boldsymbol{b} + \boldsymbol{a} \cdot \boldsymbol{c}$

(3) $(k\boldsymbol{a}) \cdot \boldsymbol{b} = \boldsymbol{a} \cdot (k\boldsymbol{b}) = k(\boldsymbol{a} \cdot \boldsymbol{b})$ （k は実数）

(4) $\boldsymbol{a} \cdot \boldsymbol{a} \geqq 0$ （等号成立は $\boldsymbol{a} = \boldsymbol{0}$ のときに限る）

$\boldsymbol{a}$ の大きさ (ノルムともいう) $||\boldsymbol{a}||$ を

$$||\boldsymbol{a}|| = \sqrt{\boldsymbol{a} \cdot \boldsymbol{a}} \qquad \text{すなわち} \qquad ||\boldsymbol{a}|| = \sqrt{a_1{}^2 + a_2{}^2 + \cdots + a_n{}^2}$$

により定める．これも，幾何学的ベクトルにおける大きさの概念の直接的な一般化である．

$\boldsymbol{a} \cdot \boldsymbol{b} = 0$ であるとき，$\boldsymbol{a}$ と $\boldsymbol{b}$ は直交するという．幾何学的ベクトルのときは直交の概念は $\overrightarrow{0}$ でないベクトルどうしに対するものであったが，数ベクトルにおいては，一方が $\boldsymbol{0}$ であったとしても内積が 0 であることをもって直交すると言い表す．特に，$\boldsymbol{0}$ はすべてのベクトルと直交する．

3.1.4 3つの数ベクトルをもとにした正規直交系の構成

大きさが 1 で，かつ互いに直交するベクトルの組を正規直交系と呼ぶ．幾何学的ベクトルで用いた考え方を転用して，1次独立な3つの数ベクトルの組 $\boldsymbol{v}_1$，$\boldsymbol{v}_2$，$\boldsymbol{v}_3$ から正規直交系を構成してみよう．計算過程における記号の統一性の観点から，初めに $\boldsymbol{v}_1$ を $\boldsymbol{v}_1'$ とおくことにする．計算手順のおおざっぱな流れは次のとおりである．

1) $\boldsymbol{v}_1$，$\boldsymbol{v}_2$，$\boldsymbol{v}_3$ をもとにして，互いに直交するベクトル $\boldsymbol{v}_1'$，$\boldsymbol{v}_2'$，$\boldsymbol{v}_3'$ を順次構成する．

2) $\boldsymbol{v}_1'$，$\boldsymbol{v}_2'$，$\boldsymbol{v}_3'$ をそれぞれ自身の大きさで割って，正規直交系 $\boldsymbol{w}_1$，$\boldsymbol{w}_2$，$\boldsymbol{w}_3$ を得る．

例 **3.1.3** 次の $\boldsymbol{v}_1, \boldsymbol{v}_2, \boldsymbol{v}_3$ をもとにして正規直交系を求めるには，以下のようにする.

$$\boldsymbol{v}_1 = \begin{pmatrix} 1 \\ 0 \\ 1 \end{pmatrix}, \quad \boldsymbol{v}_2 = \begin{pmatrix} 1 \\ 1 \\ 0 \end{pmatrix}, \quad \boldsymbol{v}_3 = \begin{pmatrix} 0 \\ 1 \\ 1 \end{pmatrix}$$

$\boldsymbol{v}_1', \boldsymbol{v}_2', \boldsymbol{v}_3'$ を次のように定めていく．その過程で必要となる内積も，付随して計算しておく.

$$\boldsymbol{v}_1' = \boldsymbol{v}_1 = \begin{pmatrix} 1 \\ 0 \\ 1 \end{pmatrix}, \qquad \|\boldsymbol{v}_1'\|^2 = 2, \quad \boldsymbol{v}_1' \cdot \boldsymbol{v}_2 = 1, \quad \boldsymbol{v}_1' \cdot \boldsymbol{v}_3 = 1$$

$$\begin{aligned} \boldsymbol{v}_2' &= \boldsymbol{v}_2 - \frac{\boldsymbol{v}_1' \cdot \boldsymbol{v}_2}{\|\boldsymbol{v}_1'\|^2} \boldsymbol{v}_1' \\ &= \begin{pmatrix} 1 \\ 1 \\ 0 \end{pmatrix} - \frac{1}{2} \begin{pmatrix} 1 \\ 0 \\ 1 \end{pmatrix} = \begin{pmatrix} 1/2 \\ 1 \\ -1/2 \end{pmatrix}, \qquad \|\boldsymbol{v}_2'\|^2 = \frac{3}{2}, \quad \boldsymbol{v}_2' \cdot \boldsymbol{v}_3 = \frac{1}{2} \end{aligned}$$

$$\begin{aligned} \boldsymbol{v}_3' &= \boldsymbol{v}_3 - \frac{\boldsymbol{v}_1' \cdot \boldsymbol{v}_3}{\|\boldsymbol{v}_1'\|^2} \boldsymbol{v}_1' - \frac{\boldsymbol{v}_2' \cdot \boldsymbol{v}_3}{\|\boldsymbol{v}_2'\|^2} \boldsymbol{v}_2' \\ &= \begin{pmatrix} 0 \\ 1 \\ 1 \end{pmatrix} - \frac{1}{2} \begin{pmatrix} 1 \\ 0 \\ 1 \end{pmatrix} - \frac{1/2}{3/2} \begin{pmatrix} 1/2 \\ 1 \\ -1/2 \end{pmatrix} = \begin{pmatrix} -2/3 \\ 2/3 \\ 2/3 \end{pmatrix}, \qquad \|\boldsymbol{v}_3'\|^2 = \frac{4}{3} \end{aligned}$$

次に，$i = 1, 2, 3$ に対して $\boldsymbol{w}_i = \dfrac{1}{\|\boldsymbol{v}_i'\|} \boldsymbol{v}_i'$ とおくと，

$$\boldsymbol{w}_1 = \frac{1}{\sqrt{2}} \begin{pmatrix} 1 \\ 0 \\ 1 \end{pmatrix}, \quad \boldsymbol{w}_2 = \frac{1}{\sqrt{6}} \begin{pmatrix} 1 \\ 2 \\ -1 \end{pmatrix}, \quad \boldsymbol{w}_3 = \frac{1}{\sqrt{3}} \begin{pmatrix} -1 \\ 1 \\ 1 \end{pmatrix}$$

であり，この $\boldsymbol{w}_1, \boldsymbol{w}_2, \boldsymbol{w}_3$ が求める正規直交系となる． ■

例 **3.1.4** 次の $\boldsymbol{v}_1, \boldsymbol{v}_2, \boldsymbol{v}_3$ をもとにして，正規直交系を求めてみよう.

$$\boldsymbol{v}_1 = \begin{pmatrix} 1 \\ 0 \\ 1 \\ 1 \end{pmatrix}, \quad \boldsymbol{v}_2 = \begin{pmatrix} 0 \\ 1 \\ 1 \\ 0 \end{pmatrix}, \quad \boldsymbol{v}_3 = \begin{pmatrix} 1 \\ 1 \\ 0 \\ 0 \end{pmatrix}$$

$\boldsymbol{v}_1'$, $\boldsymbol{v}_2'$, $\boldsymbol{v}_3'$ や関連する内積を，例 3.1.3 と同様に計算していく.

$$\boldsymbol{v}_1' = \boldsymbol{v}_1 = \begin{pmatrix} 1 \\ 0 \\ 1 \\ 1 \end{pmatrix}, \qquad \|\boldsymbol{v}_1'\|^2 = 3, \quad \boldsymbol{v}_1' \cdot \boldsymbol{v}_2 = 1, \quad \boldsymbol{v}_1' \cdot \boldsymbol{v}_3 = 1$$

$$\boldsymbol{v}_2' = \boldsymbol{v}_2 - \frac{\boldsymbol{v}_1' \cdot \boldsymbol{v}_2}{\|\boldsymbol{v}_1'\|^2} \boldsymbol{v}_1' = \begin{pmatrix} 0 \\ 1 \\ 1 \\ 0 \end{pmatrix} - \frac{1}{3} \begin{pmatrix} 1 \\ 0 \\ 1 \\ 1 \end{pmatrix} = \begin{pmatrix} -1/3 \\ 1 \\ 2/3 \\ -1/3 \end{pmatrix},$$

$$\|\boldsymbol{v}_2'\|^2 = \frac{5}{3}, \quad \boldsymbol{v}_2' \cdot \boldsymbol{v}_3 = \frac{2}{3}$$

$$\boldsymbol{v}_3' = \boldsymbol{v}_3 - \frac{\boldsymbol{v}_1' \cdot \boldsymbol{v}_3}{\|\boldsymbol{v}_1'\|^2} \boldsymbol{v}_1' - \frac{\boldsymbol{v}_2' \cdot \boldsymbol{v}_3}{\|\boldsymbol{v}_2'\|^2} \boldsymbol{v}_2'$$

$$= \begin{pmatrix} 1 \\ 1 \\ 0 \\ 0 \end{pmatrix} - \frac{1}{3} \begin{pmatrix} 1 \\ 0 \\ 1 \\ 1 \end{pmatrix} - \frac{2/3}{5/3} \begin{pmatrix} -1/3 \\ 1 \\ 2/3 \\ -1/3 \end{pmatrix} = \begin{pmatrix} 4/5 \\ 3/5 \\ -3/5 \\ -1/5 \end{pmatrix}, \quad \|\boldsymbol{v}_3'\|^2 = \frac{7}{5}$$

次に，$i = 1, 2, 3$ に対して $\boldsymbol{w}_i = \dfrac{1}{\|\boldsymbol{v}_i'\|} \boldsymbol{v}_i'$ とおくと，

$$\boldsymbol{w}_1 = \frac{1}{\sqrt{3}} \begin{pmatrix} 1 \\ 0 \\ 1 \\ 1 \end{pmatrix}, \quad \boldsymbol{w}_2 = \frac{1}{\sqrt{15}} \begin{pmatrix} -1 \\ 3 \\ 2 \\ -1 \end{pmatrix}, \quad \boldsymbol{w}_3 = \frac{1}{\sqrt{35}} \begin{pmatrix} 4 \\ 3 \\ -3 \\ -1 \end{pmatrix}$$

であり，この $\boldsymbol{w}_1$, $\boldsymbol{w}_2$, $\boldsymbol{w}_3$ が求める正規直交系となる. ∎

3.1.5 グラム - シュミットの直交化法

一般に，r 個の 1 次独立なベクトルの組 $\boldsymbol{v}_1, \boldsymbol{v}_2, \ldots, \boldsymbol{v}_r$ が与えられたとき，

$$\boldsymbol{v}'_1 = \boldsymbol{v}_1,$$

$$\boldsymbol{v}'_{i+1} = \boldsymbol{v}_{i+1} - \frac{\boldsymbol{v}'_1 \cdot \boldsymbol{v}_{i+1}}{||\boldsymbol{v}'_1||^2}\boldsymbol{v}'_1 - \frac{\boldsymbol{v}'_2 \cdot \boldsymbol{v}_{i+1}}{||\boldsymbol{v}'_2||^2}\boldsymbol{v}'_2 - \cdots - \frac{\boldsymbol{v}'_i \cdot \boldsymbol{v}_{i+1}}{||\boldsymbol{v}'_i||^2}\boldsymbol{v}'_i$$

$$(i = 1, 2, \ldots, r-1)$$

と定めると，$\boldsymbol{v}'_1, \boldsymbol{v}'_2, \ldots, \boldsymbol{v}'_r$ はどれも $\boldsymbol{0}$ でなく，かつ互いに直交するベクトルとなる．よって，これらをそれぞれ自身の大きさで割れば正規直交系が得られる．この手続きを，グラム - シュミットの直交化法と呼ぶ．前項までに説明した方法は，グラム - シュミットの直交化法を 2 つまたは 3 つのベクトルに対して適用したものである．

例 **3.1.5** $\boldsymbol{v}_1, \boldsymbol{v}_2, \boldsymbol{v}_3$ を例 3.1.4 のとおりとし，さらに

$$\boldsymbol{v}_4 = \begin{pmatrix} 1 \\ 1 \\ 1 \\ 1 \end{pmatrix}$$

とするとき，グラム - シュミットの直交化法をこれら 4 つのベクトルに対して適用して，4 つのベクトルからなる正規直交系を求めてみよう．$\boldsymbol{v}'_1, \boldsymbol{v}'_2, \boldsymbol{v}'_3$ は例 3.1.4 とまったく同じである．そこで，$\boldsymbol{v}'_4$ だけ計算してみると，

$$\boldsymbol{v}'_1 \cdot \boldsymbol{v}_4 = 3, \quad \boldsymbol{v}'_2 \cdot \boldsymbol{v}_4 = 1, \quad \boldsymbol{v}'_3 \cdot \boldsymbol{v}_4 = \frac{3}{5}$$

より，

$$\boldsymbol{v}'_4 = \boldsymbol{v}_4 - \frac{\boldsymbol{v}'_1 \cdot \boldsymbol{v}_4}{||\boldsymbol{v}'_1||^2}\boldsymbol{v}'_1 - \frac{\boldsymbol{v}'_2 \cdot \boldsymbol{v}_4}{||\boldsymbol{v}'_2||^2}\boldsymbol{v}'_2 - \frac{\boldsymbol{v}'_3 \cdot \boldsymbol{v}_4}{||\boldsymbol{v}'_3||^2}\boldsymbol{v}'_3$$

$$= \begin{pmatrix} 1 \\ 1 \\ 1 \\ 1 \end{pmatrix} - \frac{3}{3}\begin{pmatrix} 1 \\ 0 \\ 1 \\ 1 \end{pmatrix} - \frac{1}{5/3}\begin{pmatrix} -1/3 \\ 1 \\ 2/3 \\ -1/3 \end{pmatrix} - \frac{3/5}{7/5}\begin{pmatrix} 4/5 \\ 3/5 \\ -3/5 \\ -1/5 \end{pmatrix} = \begin{pmatrix} -1/7 \\ 1/7 \\ -1/7 \\ 2/7 \end{pmatrix}$$

となる. そこで, $\boldsymbol{w}_1, \boldsymbol{w}_2, \boldsymbol{w}_3$ を例 3.1.4 のとおりとし, さらに

$$\boldsymbol{w}_4 = \frac{1}{||\boldsymbol{v}'_4||}\boldsymbol{v}'_4 = \frac{1}{\sqrt{7}}\begin{pmatrix} -1 \\ 1 \\ -1 \\ 2 \end{pmatrix}$$

とおくと, 4 つのベクトル $\boldsymbol{w}_1, \boldsymbol{w}_2, \boldsymbol{w}_3, \boldsymbol{w}_4$ は正規直交系となる. ■

3.1.6 直交行列

U を実数の成分をもつ n 次正方行列とする. U の列分割表示を

$$U = (\boldsymbol{w}_1 \quad \boldsymbol{w}_2 \quad \cdots \quad \boldsymbol{w}_n)$$

とすると, ${}^t\!UU$ の (i, j) 成分は内積 $\boldsymbol{w}_i \cdot \boldsymbol{w}_j$ に等しい. U が n 次直交行列であるとは,

$$ {}^t\!UU = E \tag{3.1.3} $$

が成り立つときにいう. 定義から明らかに, U が直交行列であるための必要十分条件は, U の n 個の列 $\boldsymbol{w}_1, \boldsymbol{w}_2, \ldots, \boldsymbol{w}_n$ が正規直交系をなすことである.

例 **3.1.6** 単位行列 E は直交行列である. ■

例 **3.1.7** 実数 θ に対して,

$$\begin{pmatrix} \cos\theta & -\sin\theta \\ \sin\theta & \cos\theta \end{pmatrix}$$

は直交行列である. この行列は, 以下に述べる事実により座標平面上の原点を中心とする回転移動を表す行列ともいわれる. 座標平面上に, 原点 O とは異なる点 P(x, y) をとる. このとき, 線分 OP の長さを r とし, 点 P の偏角を α とすると,

$$x = r\cos\alpha, \qquad y = r\sin\alpha$$

と表せる. 次に, 点 P を原点を中心として θ だけ回転させて得られる点を Q(x', y') とすると, 線分 OQ の長さは r で, 点 Q の偏角は $\theta + \alpha$ であるから,

$$x' = r\cos(\theta + \alpha) = r(\cos\theta\cos\alpha - \sin\theta\sin\alpha) = \cos\theta \cdot x - \sin\theta \cdot y,$$
$$y' = r\sin(\theta + \alpha) = r(\sin\theta\cos\alpha + \cos\theta\sin\alpha) = \sin\theta \cdot x + \cos\theta \cdot y$$

である. よって,

$$\begin{pmatrix} x' \\ y' \end{pmatrix} = \begin{pmatrix} \cos\theta & -\sin\theta \\ \sin\theta & \cos\theta \end{pmatrix} \begin{pmatrix} x \\ y \end{pmatrix}$$

が成り立つ. ∎

(3.1.3) および系 1.2.9 により直交行列は正則で, $U^{-1} = {}^tU$ である. また, 次のことが成り立つ.

補題 3.1.1 (1) U が直交行列ならば, $|U| = \pm 1$ である.
(2) U, V が直交行列ならば, 積 UV も直交行列である.
(3) U が直交行列ならば, U^{-1} も直交行列である.

証明 (1) まず, (3.1.3) より $|{}^tUU| = |E| = 1$ である. 一方, 行列式の性質より $|{}^tUU| = |{}^tU||U| = |U|^2$ でもあるから, $|U|$ は 1 または -1 である.
(2) 仮定より ${}^tUU = E$ かつ ${}^tVV = E$ であるから,

$${}^t(UV)(UV) = ({}^tV\,{}^tU)(UV) = {}^tV({}^tUU)V = {}^tVEV = {}^tVV = E$$

となる. したがって, 積 UV も直交行列である.
(3) 仮定より $U^{-1} = {}^tU$ であるから,

$${}^t(U^{-1})U^{-1} = {}^t({}^tU)({}^tU) = U\,{}^tU = UU^{-1} = E$$

となる. したがって, U^{-1} も直交行列である. □

一般に, n 個の 1 次独立な n 次列ベクトルの組 $\boldsymbol{v}_1, \boldsymbol{v}_2, \ldots, \boldsymbol{v}_n$ から上のよう

にして正規直交系 $\boldsymbol{w}_1, \boldsymbol{w}_2, \ldots, \boldsymbol{w}_n$ を構成したとき，

$$\boldsymbol{v}_1 = \boldsymbol{v}_1' = \|\boldsymbol{v}_1'\|\boldsymbol{w}_1,$$

$$\boldsymbol{v}_2 = \frac{\boldsymbol{v}_1' \cdot \boldsymbol{v}_2}{\|\boldsymbol{v}_1'\|^2}\boldsymbol{v}_1' + \boldsymbol{v}_2' = \frac{\boldsymbol{v}_1' \cdot \boldsymbol{v}_2}{\|\boldsymbol{v}_1'\|}\boldsymbol{w}_1 + \|\boldsymbol{v}_2'\|\boldsymbol{w}_2,$$

$$\cdots\cdots\cdots\cdots$$

$$\boldsymbol{v}_n = \frac{\boldsymbol{v}_1' \cdot \boldsymbol{v}_n}{\|\boldsymbol{v}_1'\|^2}\boldsymbol{v}_1' + \frac{\boldsymbol{v}_2' \cdot \boldsymbol{v}_n}{\|\boldsymbol{v}_2'\|^2}\boldsymbol{v}_2' + \cdots + \frac{\boldsymbol{v}_{n-1}' \cdot \boldsymbol{v}_n}{\|\boldsymbol{v}_{n-1}'\|^2}\boldsymbol{v}_{n-1}' + \boldsymbol{v}_n'$$

$$= \frac{\boldsymbol{v}_1' \cdot \boldsymbol{v}_n}{\|\boldsymbol{v}_1'\|}\boldsymbol{w}_1 + \frac{\boldsymbol{v}_2' \cdot \boldsymbol{v}_n}{\|\boldsymbol{v}_2'\|}\boldsymbol{w}_2 + \cdots + \frac{\boldsymbol{v}_{n-1}' \cdot \boldsymbol{v}_n}{\|\boldsymbol{v}_{n-1}'\|}\boldsymbol{w}_{n-1} + \|\boldsymbol{v}_n'\|\boldsymbol{w}_n$$

である．そこで，n 次正方行列 V, U を

$$V = (\boldsymbol{v}_1 \quad \boldsymbol{v}_2 \quad \cdots \quad \boldsymbol{v}_n), \qquad U = (\boldsymbol{w}_1 \quad \boldsymbol{w}_2 \quad \cdots \quad \boldsymbol{w}_n)$$

と定め，さらに $1 \leqq i \leqq j \leqq n$ のとき $b_{ij} = \dfrac{\boldsymbol{v}_i' \cdot \boldsymbol{v}_j}{\|\boldsymbol{v}_i'\|}$ とおいて上三角行列 B を

$$B = \begin{pmatrix} b_{11} & b_{12} & \cdots & b_{1n} \\ & b_{22} & \cdots & b_{2n} \\ & & \ddots & \vdots \\ \text{\huge 0} & & & b_{nn} \end{pmatrix}$$

と定めれば，

$$V = UB$$

が成り立つ．以上のことを，定理としてまとめておこう．

定理 3.1.2 正則行列は，直交行列と上三角行列の積に分解する．詳しくいえば，正則行列 V に対して直交行列 U と上三角行列 B を上述の手続きで求めると，$V = UB$ が成り立つ．　　　　　　　　　　　　　　　　　□

　正則行列のこのような分解法は，**QR 分解**と呼ばれる．（他の文献で QR 分解について記述している箇所では，通常，直交行列は U の代わりに Q で，上三角行列は B の代わりに R で表されている．）

A を正方行列とする．引き続き，A としては固有多項式 $\Phi_A(x)$ が実数の範囲で 1 次式の積に完全に分解するものを考える．定理 2.3.1 により，A を上三角行列に変換する正則行列 P が存在する．また，定理 3.1.2 により，P は直交行列 U と上三角行列 B を用いて $P = UB$ と書ける．そこで，A を P によって変換して得られた上三角行列を T とおけば，

$$T = P^{-1}AP = (UB)^{-1}A(UB) = B^{-1}(U^{-1}AU)B,$$

すなわち，

$$U^{-1}AU = BTB^{-1}$$

である．右辺は 3 つの上三角行列の積であるから，やはり上三角行列となる．したがって，次のことがわかる．

定理 3.1.3 正方行列は，直交行列によって上三角化される． □

問 題 3.1

1. 次の $\boldsymbol{v}_1$, $\boldsymbol{v}_2$, $\boldsymbol{v}_3$ にグラム‐シュミットの直交化法を適用して，正規直交系 $\boldsymbol{w}_1$, $\boldsymbol{w}_2$, $\boldsymbol{w}_3$ を構成せよ．

$$\boldsymbol{v}_1 = \begin{pmatrix} 1 \\ 1 \\ 0 \end{pmatrix}, \quad \boldsymbol{v}_2 = \begin{pmatrix} 0 \\ -1 \\ 1 \end{pmatrix}, \quad \boldsymbol{v}_3 = \begin{pmatrix} 0 \\ 0 \\ 1 \end{pmatrix}$$

2. 次の行列の QR 分解を求めよ (つまり，直交行列と上三角行列の積で表せ)．

$$(1) \quad \begin{pmatrix} 1 & 0 & 0 \\ 1 & -1 & 0 \\ 0 & 1 & 1 \end{pmatrix} \qquad\qquad (2) \quad \begin{pmatrix} 1 & 0 & 1 & 1 \\ 0 & 1 & 1 & 1 \\ 1 & 1 & 0 & 1 \\ 1 & 0 & 0 & 1 \end{pmatrix}$$

3.2 実対称行列の直交行列による対角化

3.2.1 実対称行列

成分がすべて実数である対称行列を実対称行列と呼ぶ. 実対称行列は, 以下に示すように固有値および固有ベクトルに関して興味深い性質をもつ.

命題 3.2.1 実対称行列の固有多項式は, 実数の範囲で1次式の積に完全に分解する.

例 3.2.1 $A = \begin{pmatrix} a & b \\ b & c \end{pmatrix}$ を2次実対称行列とし, λ を $\Phi_A(x)$ の (複素数の範囲での) 根とする. 複素数を成分とするベクトルまで考えれば, λ が実数であろうとなかろうと, λ に属する固有ベクトル $\boldsymbol{p} = \begin{pmatrix} p_1 \\ p_2 \end{pmatrix}$ が存在する. この $\boldsymbol{p}$ に対して,

$$A\boldsymbol{p} = \lambda\boldsymbol{p} \quad \text{より} \quad \begin{cases} ap_1 + bp_2 = \lambda p_1 \\ bp_1 + cp_2 = \lambda p_2 \end{cases}$$

であり, また, a, b, c, d は実数だから,

$$\begin{aligned} \overline{\lambda}(\overline{p_1}p_1 + \overline{p_2}p_2) &= \overline{\lambda p_1}p_1 + \overline{\lambda p_2}p_2 \\ &= \overline{(ap_1 + bp_2)}p_1 + \overline{(bp_1 + cp_2)}p_2 \\ &= (a\overline{p_1} + b\overline{p_2})p_1 + (b\overline{p_1} + c\overline{p_2})p_2 \\ &= \overline{p_1}(ap_1 + bp_2) + \overline{p_2}(bp_1 + cp_2) \\ &= \overline{p_1}(\lambda p_1) + \overline{p_2}(\lambda p_2) \\ &= \lambda(\overline{p_1}p_1 + \overline{p_2}p_2) \end{aligned}$$

となる. ここで, $\boldsymbol{p} \neq \boldsymbol{0}$ より $|p_1|^2 + |p_2|^2 = \overline{p_1}p_1 + \overline{p_2}p_2 \neq 0$ だから,

$$\overline{\lambda} = \lambda$$

でなければならない. ゆえに, λ は実数である. ∎

いまの論法を一般化するために，記号を少し準備する．複素数を成分とする行列 A に対して，その各成分をそれぞれ共役複素数で置き換えた行列を $\overline{A}$ で表す．共役複素数に関する性質から，以下のことが直ちにわかる．

(1) $\overline{\overline{A}} = A$

(2) $\overline{A + B} = \overline{A} + \overline{B}$

(3) $\overline{cA} = \overline{c}\,\overline{A}$ （c は複素数）

(4) $\overline{AB} = \overline{A}\,\overline{B}$

命題 3.2.1 の証明　A を n 次実対称行列とする．このとき，$\overline{A} = A$ および ${}^t A = A$ である．また，λ を $\Phi_A(x)$ の (複素数の範囲での) 根とし，$\boldsymbol{p}$ を λ に属する A の (複素) 固有ベクトルとすると，

$$\overline{A\boldsymbol{p}} = \overline{\lambda \boldsymbol{p}} = \overline{\lambda}\,\overline{\boldsymbol{p}} \qquad \text{かつ} \qquad \overline{A\boldsymbol{p}} = \overline{A}\,\overline{\boldsymbol{p}} = A\overline{\boldsymbol{p}}$$

より $\overline{\lambda}\,\overline{\boldsymbol{p}} = A\overline{\boldsymbol{p}}$ である．よって，

$$\overline{\lambda}({}^t\overline{\boldsymbol{p}}\boldsymbol{p}) = (\overline{\lambda}\,{}^t\overline{\boldsymbol{p}})\boldsymbol{p} = {}^t(\overline{\lambda}\,\overline{\boldsymbol{p}})\boldsymbol{p} = {}^t(A\overline{\boldsymbol{p}})\boldsymbol{p} = ({}^t\overline{\boldsymbol{p}}\,{}^t A)\boldsymbol{p} = ({}^t\overline{\boldsymbol{p}}A)\boldsymbol{p}$$
$$= {}^t\overline{\boldsymbol{p}}(A\boldsymbol{p}) = {}^t\overline{\boldsymbol{p}}(\lambda \boldsymbol{p}) = \lambda({}^t\overline{\boldsymbol{p}}\boldsymbol{p})$$

となるが，$\boldsymbol{p} \neq \boldsymbol{0}$ より ${}^t\overline{\boldsymbol{p}}\boldsymbol{p} \neq 0$ だから，

$$\overline{\lambda} = \lambda$$

でなければならない．ゆえに，λ は実数である．　　　　　□

命題 3.2.2　実対称行列の相異なる固有値に属する固有ベクトルは直交する．

例 3.2.2　2 次実対称行列 $A = \begin{pmatrix} a & b \\ b & c \end{pmatrix}$ が相異なる固有値 $\lambda,\,\mu$ をもつとし，$\boldsymbol{p} = \begin{pmatrix} p_1 \\ p_2 \end{pmatrix}$, $\boldsymbol{q} = \begin{pmatrix} q_1 \\ q_2 \end{pmatrix}$ をそれぞれ $\lambda,\,\mu$ に属する固有ベクトルとすると，

$$A\boldsymbol{p} = \lambda \boldsymbol{p}, \quad A\boldsymbol{q} = \mu \boldsymbol{q} \qquad \text{より} \qquad \begin{cases} ap_1 + bp_2 = \lambda p_1 \\ bp_1 + cp_2 = \lambda p_2 \end{cases} \begin{cases} aq_1 + bq_2 = \mu q_1 \\ bq_1 + cq_2 = \mu q_2 \end{cases}$$

であるから,

$$\lambda(p_1 q_1 + p_2 q_2) = (\lambda p_1)q_1 + (\lambda p_2)q_2$$
$$= (a p_1 + b p_2)q_1 + (b p_1 + c p_2)q_2$$
$$= p_1(a q_1 + b q_2) + p_2(b q_1 + c q_2)$$
$$= p_1(\mu q_1) + p_2(\mu q_2)$$
$$= \mu(p_1 q_1 + p_2 q_2)$$

となる. よって,

$$(\lambda - \mu)(p_1 q_1 + p_2 q_2) = 0$$

であるが, $\lambda \neq \mu$ と仮定していたから,

$$p_1 q_1 + p_2 q_2 = 0 \quad \text{すなわち} \quad \boldsymbol{p} \cdot \boldsymbol{q} = 0.$$

ゆえに, $\boldsymbol{p}$ と $\boldsymbol{q}$ は直交する. ∎

命題 3.2.2 の証明 A を n 次実対称行列とし, λ, μ を A の相異なる固有値とする. $\boldsymbol{p}, \boldsymbol{q}$ をそれぞれ λ, μ に属する A の固有ベクトルとする. $\boldsymbol{p}$ と $\boldsymbol{q}$ が直交することを示すには, これらの内積が 0 となることをいえばよい. そこで, 例 3.2.2 のようにして $\lambda(\boldsymbol{p} \cdot \boldsymbol{q})$ を変形していくと,

$$\lambda(\boldsymbol{p} \cdot \boldsymbol{q}) = \lambda({}^{t}\boldsymbol{p}\boldsymbol{q}) = (\lambda {}^{t}\boldsymbol{p})\boldsymbol{q} = {}^{t}(\lambda \boldsymbol{p})\boldsymbol{q} = {}^{t}(A\boldsymbol{p})\boldsymbol{q} = ({}^{t}\boldsymbol{p}\,{}^{t}A)\boldsymbol{q}$$
$$= {}^{t}\boldsymbol{p}({}^{t}A\boldsymbol{q}) = {}^{t}\boldsymbol{p}(A\boldsymbol{q}) = {}^{t}\boldsymbol{p}(\mu \boldsymbol{q}) = \mu({}^{t}\boldsymbol{p}\boldsymbol{q}) = \mu(\boldsymbol{p} \cdot \boldsymbol{q})$$

となる. よって,

$$(\lambda - \mu)(\boldsymbol{p} \cdot \boldsymbol{q}) = 0$$

であるが, $\lambda \neq \mu$ と仮定していたから, $\boldsymbol{p} \cdot \boldsymbol{q} = 0$ でなければならない. □

3.2.2 実対称行列の直交行列による対角化

命題 3.2.1 および定理 3.1.3 から, 実対称行列に関する次の著しい結果を得る.

定理 3.2.3 実対称行列は, 直交行列により対角化される.

証明 A を実対称行列とすると，命題 3.2.1 および定理 3.1.3 により，ある直交行列 U に対して $U^{-1}AU$ が上三角行列になる．しかも，このとき，

$$^t(U^{-1}AU) = {}^t({}^tUAU) = {}^tU\,{}^tA\,{}^t({}^tU) = U^{-1}AU$$

となるから，$U^{-1}AU$ は対称行列でもある．上三角行列が対称行列になっているとき，それは対角行列であるから，定理の主張が成り立つ． □

一般の正方行列においては，固有多項式が重根をもつ場合は対角化できないことがあった．実対称行列においては，定理 3.2.3 からそのようなことは起こらない．すなわち，実対称行列はたとえその固有多項式が重根をもっていたとしても，必ず対角化できる．しかも，変換行列として直交行列がとれるのである．さらにいえば，そのような直交行列は，固有空間ごとに正規直交系を構成してそれらを合わせれば得られることが命題 3.2.2 からわかる．

以下に，具体例をいくつか与える．

例 **3.2.3** $A = \begin{pmatrix} 2 & 1 & 1 \\ 1 & 2 & 1 \\ 1 & 1 & 2 \end{pmatrix}$ の固有多項式は $\Phi_A(x) = (x-1)^2(x-4)$ で，A の各固有値に対する固有空間は

$$W(A;1) = \left\langle \begin{pmatrix} -1 \\ 1 \\ 0 \end{pmatrix}, \begin{pmatrix} -1 \\ 0 \\ 1 \end{pmatrix} \right\rangle, \quad W(A;4) = \left\langle \begin{pmatrix} 1 \\ 1 \\ 1 \end{pmatrix} \right\rangle$$

である．$W(A;1)$ を表示する 2 つのベクトルを左から順に $\boldsymbol{v}_1, \boldsymbol{v}_2$ とおき，$W(A;4)$ を表示するベクトルを $\boldsymbol{v}_3$ とおく．

$$\boldsymbol{v}_1 = \begin{pmatrix} -1 \\ 1 \\ 0 \end{pmatrix}, \quad \boldsymbol{v}_2 = \begin{pmatrix} -1 \\ 0 \\ 1 \end{pmatrix}, \quad \boldsymbol{v}_3 = \begin{pmatrix} 1 \\ 1 \\ 1 \end{pmatrix}$$

<u>$W(A;1)$ に関する計算</u>　$\boldsymbol{v}_1, \boldsymbol{v}_2$ をもとにして正規直交系 $\boldsymbol{w}_1, \boldsymbol{w}_2$ を構成する.

$$\boldsymbol{v}_1' = \boldsymbol{v}_1 = \begin{pmatrix} -1 \\ 1 \\ 0 \end{pmatrix}, \qquad ||\boldsymbol{v}_1'||^2 = 2, \quad \boldsymbol{v}_1' \cdot \boldsymbol{v}_2 = 1,$$

$$\boldsymbol{v}_2' = \boldsymbol{v}_2 - \frac{\boldsymbol{v}_1' \cdot \boldsymbol{v}_2}{||\boldsymbol{v}_1'||^2} \boldsymbol{v}_1' = \frac{1}{2} \begin{pmatrix} -1 \\ -1 \\ 2 \end{pmatrix}, \qquad ||\boldsymbol{v}_2'||^2 = \frac{3}{2}$$

であるから,

$$\boldsymbol{w}_1 = \frac{1}{||\boldsymbol{v}_1'||} \boldsymbol{v}_1' = \frac{1}{\sqrt{2}} \begin{pmatrix} -1 \\ 1 \\ 0 \end{pmatrix}, \qquad \boldsymbol{w}_2 = \frac{1}{||\boldsymbol{v}_2'||} \boldsymbol{v}_2' = \frac{1}{\sqrt{6}} \begin{pmatrix} -1 \\ -1 \\ 2 \end{pmatrix}$$

とおけばよい.

<u>$W(A;4)$ に関する計算</u>　$\boldsymbol{v}_3$ は $\boldsymbol{w}_1, \boldsymbol{w}_2$ と直交するから,

$$\boldsymbol{w}_3 = \frac{1}{||\boldsymbol{v}_3||} \boldsymbol{v}_3 = \frac{1}{\sqrt{3}} \begin{pmatrix} 1 \\ 1 \\ 1 \end{pmatrix}$$

とおく.

<u>直交行列による対角化</u>　最後に, $\boldsymbol{w}_1, \boldsymbol{w}_2, \boldsymbol{w}_3$ を用いて

$$U = (\boldsymbol{w}_1 \quad \boldsymbol{w}_2 \quad \boldsymbol{w}_3) = \begin{pmatrix} -\dfrac{1}{\sqrt{2}} & -\dfrac{1}{\sqrt{6}} & \dfrac{1}{\sqrt{3}} \\ \dfrac{1}{\sqrt{2}} & -\dfrac{1}{\sqrt{6}} & \dfrac{1}{\sqrt{3}} \\ 0 & \dfrac{2}{\sqrt{6}} & \dfrac{1}{\sqrt{3}} \end{pmatrix}$$

と定めると U は直交行列で,

$$A\boldsymbol{w}_1 = \boldsymbol{w}_1, \quad A\boldsymbol{w}_2 = \boldsymbol{w}_2, \quad A\boldsymbol{w}_3 = 4\boldsymbol{w}_3$$

であるから，

$$U^{-1}AU = \begin{pmatrix} 1 & 0 & 0 \\ 0 & 1 & 0 \\ 0 & 0 & 4 \end{pmatrix}$$

となる． ∎

例 **3.2.4** $A = \begin{pmatrix} 3 & 1 & 1 \\ 1 & 3 & -1 \\ 1 & -1 & 3 \end{pmatrix}$ の固有多項式は $\Phi_A(x) = (x-1)(x-4)^2$ で，A の各固有値に対する固有空間は

$$W(A;1) = \left\langle \begin{pmatrix} -1 \\ 1 \\ 1 \end{pmatrix} \right\rangle, \qquad W(A;4) = \left\langle \begin{pmatrix} 1 \\ 1 \\ 0 \end{pmatrix}, \begin{pmatrix} 1 \\ 0 \\ 1 \end{pmatrix} \right\rangle$$

である．$W(A;4)$ を表示する2つのベクトルを左から順に $\boldsymbol{v}_1$, $\boldsymbol{v}_2$ とおき，$W(A;1)$ を表示するベクトルを $\boldsymbol{v}_3$ とおく．

$$\boldsymbol{v}_1 = \begin{pmatrix} 1 \\ 1 \\ 0 \end{pmatrix}, \quad \boldsymbol{v}_2 = \begin{pmatrix} 1 \\ 0 \\ 1 \end{pmatrix}, \quad \boldsymbol{v}_3 = \begin{pmatrix} -1 \\ 1 \\ 1 \end{pmatrix}$$

<u>$W(A;4)$ に関する計算</u>　　$\boldsymbol{v}_1$, $\boldsymbol{v}_2$ をもとにして正規直交系 $\boldsymbol{w}_1$, $\boldsymbol{w}_2$ を構成する．

$$\boldsymbol{v}_1' = \boldsymbol{v}_1 = \begin{pmatrix} 1 \\ 1 \\ 0 \end{pmatrix}, \qquad ||\boldsymbol{v}_1'||^2 = 2, \quad \boldsymbol{v}_1' \cdot \boldsymbol{v}_2 = 1,$$

$$\boldsymbol{v}_2' = \boldsymbol{v}_2 - \frac{\boldsymbol{v}_1' \cdot \boldsymbol{v}_2}{||\boldsymbol{v}_1'||^2}\boldsymbol{v}' = \frac{1}{2}\begin{pmatrix} 1 \\ -1 \\ 2 \end{pmatrix}, \qquad ||\boldsymbol{v}_2'||^2 = \frac{3}{2}$$

であるから，

$$\boldsymbol{w}_1 = \frac{1}{||\boldsymbol{v}_1||}\boldsymbol{v}_1 = \frac{1}{\sqrt{2}}\begin{pmatrix} 1 \\ 1 \\ 0 \end{pmatrix}, \qquad \boldsymbol{w}_2 = \frac{1}{||\boldsymbol{v}_2'||}\boldsymbol{v}_2' = \frac{1}{\sqrt{6}}\begin{pmatrix} 1 \\ -1 \\ 2 \end{pmatrix}$$

とおけばよい.

<u>$W(A;1)$ に関する計算</u>　$\boldsymbol{v}_3$ は $\boldsymbol{w}_1$, $\boldsymbol{w}_2$ と直交するから,

$$\boldsymbol{w}_3 = \frac{1}{||\boldsymbol{v}_3||}\boldsymbol{v}_3 = \frac{1}{\sqrt{3}}\begin{pmatrix} -1 \\ 1 \\ 1 \end{pmatrix}$$

とおく.

<u>直交行列による対角化</u>　最後に，$\boldsymbol{w}_1$, $\boldsymbol{w}_2$, $\boldsymbol{w}_3$ を用いて

$$U = (\boldsymbol{w}_1 \quad \boldsymbol{w}_2 \quad \boldsymbol{w}_3) = \begin{pmatrix} \frac{1}{\sqrt{2}} & \frac{1}{\sqrt{6}} & -\frac{1}{\sqrt{3}} \\ \frac{1}{\sqrt{2}} & -\frac{1}{\sqrt{6}} & \frac{1}{\sqrt{3}} \\ 0 & \frac{2}{\sqrt{6}} & \frac{1}{\sqrt{3}} \end{pmatrix}$$

と定めると U は直交行列で,

$$A\boldsymbol{w}_1 = 4\boldsymbol{w}_1, \quad A\boldsymbol{w}_2 = 4\boldsymbol{w}_2, \quad A\boldsymbol{w}_3 = \boldsymbol{w}_3$$

であるから,

$$U^{-1}AU = \begin{pmatrix} 4 & 0 & 0 \\ 0 & 4 & 0 \\ 0 & 0 & 1 \end{pmatrix}$$

となる.

例 **3.2.5** $A = \begin{pmatrix} 2 & 1 & 1 & 1 \\ 1 & 2 & 1 & 1 \\ 1 & 1 & 2 & 1 \\ 1 & 1 & 1 & 2 \end{pmatrix}$ の固有多項式は $\Phi_A(x) = (x-1)^3(x-5)$ で, A
の各固有値に対する固有空間は

$$W(A;1) = \left\langle \begin{pmatrix} -1 \\ 1 \\ 0 \\ 0 \end{pmatrix}, \begin{pmatrix} -1 \\ 0 \\ 1 \\ 0 \end{pmatrix}, \begin{pmatrix} -1 \\ 0 \\ 0 \\ 1 \end{pmatrix} \right\rangle, \quad W(A;5) = \left\langle \begin{pmatrix} 1 \\ 1 \\ 1 \\ 1 \end{pmatrix} \right\rangle$$

である. $W(A;1)$ を表示する3つのベクトルを左から順に $\boldsymbol{v}_1$, $\boldsymbol{v}_2$, $\boldsymbol{v}_3$ とおき, $W(A;5)$ を表示するベクトルを $\boldsymbol{v}_4$ とおく.

$$\boldsymbol{v}_1 = \begin{pmatrix} -1 \\ 1 \\ 0 \\ 0 \end{pmatrix}, \quad \boldsymbol{v}_2 = \begin{pmatrix} -1 \\ 0 \\ 1 \\ 0 \end{pmatrix}, \quad \boldsymbol{v}_3 = \begin{pmatrix} -1 \\ 0 \\ 0 \\ 1 \end{pmatrix}, \quad \boldsymbol{v}_4 = \begin{pmatrix} 1 \\ 1 \\ 1 \\ 1 \end{pmatrix}$$

<u>$W(A;1)$ に関する計算</u>　$\boldsymbol{v}_1$, $\boldsymbol{v}_2$, $\boldsymbol{v}_3$ をもとにして正規直交系 $\boldsymbol{w}_1$, $\boldsymbol{w}_2$, $\boldsymbol{w}_3$ を構成する.

$$\boldsymbol{v}_1' = \boldsymbol{v}_1 = \begin{pmatrix} -1 \\ 1 \\ 0 \\ 0 \end{pmatrix}, \quad ||\boldsymbol{v}_1'||^2 = 2, \quad \boldsymbol{v}_1' \cdot \boldsymbol{v}_2 = 1, \quad \boldsymbol{v}_1' \cdot \boldsymbol{v}_3 = 1,$$

$$\boldsymbol{v}_2' = \boldsymbol{v}_2 - \frac{\boldsymbol{v}_1' \cdot \boldsymbol{v}_2}{||\boldsymbol{v}_1'||^2}\boldsymbol{v}_1' = \frac{1}{2}\begin{pmatrix} -1 \\ -1 \\ 2 \\ 0 \end{pmatrix}, \quad ||\boldsymbol{v}_2'||^2 = \frac{3}{2}, \quad \boldsymbol{v}_2' \cdot \boldsymbol{v}_3 = \frac{1}{2},$$

$$\boldsymbol{v}_3' = \boldsymbol{v}_3 - \frac{\boldsymbol{v}_1' \cdot \boldsymbol{v}_3}{||\boldsymbol{v}_1'||^2}\boldsymbol{v}_1' - \frac{\boldsymbol{v}_2' \cdot \boldsymbol{v}_3}{||\boldsymbol{v}_2'||^2}\boldsymbol{v}_2' = \frac{1}{3}\begin{pmatrix} -1 \\ -1 \\ -1 \\ 3 \end{pmatrix}, \quad ||\boldsymbol{v}_3'||^2 = \frac{4}{3}$$

であるから, $\boldsymbol{w}_i = \dfrac{1}{||\boldsymbol{v}_i'||}\boldsymbol{v}_i'$ $(i = 1,2,3)$ とおけばよい.

<u>$W(A;5)$ に関する計算</u>　$\boldsymbol{v}_4$ は $\boldsymbol{w}_1$, $\boldsymbol{w}_2$, $\boldsymbol{w}_3$ と直交するから, $\boldsymbol{w}_4 = \dfrac{1}{||\boldsymbol{v}_4||}\boldsymbol{v}_4$ とおく.

<u>直交行列による対角化</u>　最後に, $\boldsymbol{w}_1$, $\boldsymbol{w}_2$, $\boldsymbol{w}_3$, $\boldsymbol{w}_4$ を用いて

$$U = (\boldsymbol{w}_1 \quad \boldsymbol{w}_2 \quad \boldsymbol{w}_3 \quad \boldsymbol{w}_4) = \begin{pmatrix} -\dfrac{1}{\sqrt{2}} & -\dfrac{1}{\sqrt{6}} & -\dfrac{1}{2\sqrt{3}} & \dfrac{1}{2} \\ \dfrac{1}{\sqrt{2}} & -\dfrac{1}{\sqrt{6}} & -\dfrac{1}{2\sqrt{3}} & \dfrac{1}{2} \\ 0 & \dfrac{2}{\sqrt{6}} & -\dfrac{1}{2\sqrt{3}} & \dfrac{1}{2} \\ 0 & 0 & \dfrac{3}{2\sqrt{3}} & \dfrac{1}{2} \end{pmatrix}$$

と定めると U は直交行列で,

$$A\boldsymbol{w}_1 = \boldsymbol{w}_1, \quad A\boldsymbol{w}_2 = \boldsymbol{w}_2, \quad A\boldsymbol{w}_3 = \boldsymbol{w}_3, \quad A\boldsymbol{w}_4 = 5\boldsymbol{w}_4$$

であるから,

$$U^{-1}AU = \begin{pmatrix} 1 & 0 & 0 & 0 \\ 0 & 1 & 0 & 0 \\ 0 & 0 & 1 & 0 \\ 0 & 0 & 0 & 5 \end{pmatrix}$$

となる. ∎

3.2.3 2次実対称行列に関する補足

2次実対称行列 $A = \begin{pmatrix} a & b \\ b & c \end{pmatrix}$ に関して例 3.2.1, 3.2.2 で示したことは, 以下に述べるようにもっと直接的な方法で示すこともできる.

<u>固有多項式が実数の範囲で1次式の積に分解すること</u> A の固有多項式

$$\Phi_A(x) = \begin{vmatrix} x - a & -b \\ -b & x - c \end{vmatrix} = x^2 - (a+c)x + (ac - b^2)$$

は2次式で, その判別式は

$$(a+c)^2 - 4(ac - b^2) = (a-c)^2 + 4b^2 \geqq 0$$

であるから, 主張が成り立つ. ☐

$\Phi_A(x)$ が重根をもつときは，判別式の形から $a=c$ かつ $b=0$ であり，したがって $A=aE_n$ となる．以下，A は相異なる固有値をもつとする．

相異なる固有値に属する固有ベクトルが直交すること $\quad b=0$ のときは $a\neq c$ で，A の固有値は a と c である．また，この場合

$$W(A;a)=\left\langle\begin{pmatrix}1\\0\end{pmatrix}\right\rangle,\qquad W(A;c)=\left\langle\begin{pmatrix}0\\1\end{pmatrix}\right\rangle$$

となるから，相異なる固有値に属する固有ベクトルは直交する．

次に，$b\neq0$ とする．λ を A の固有値の1つとすれば，

$$\lambda E_2-A=\begin{pmatrix}\lambda-a & -b\\ -b & \lambda-c\end{pmatrix}\longrightarrow\begin{pmatrix}\lambda-a & -b\\ 0 & 0\end{pmatrix}$$

より

$$\boldsymbol{p}_\lambda=\begin{pmatrix}b\\\lambda-a\end{pmatrix}\qquad\text{と定めると}\qquad W(A;\lambda)=\langle\boldsymbol{p}_\lambda\rangle$$

である．μ を λ とは異なる A の固有値とし，λ のときと同様にして $\boldsymbol{p}_\mu$ を定めると，

$$(\mu-a)(\mu-c)=\mu^2-(a+c)\mu+ac=b^2\qquad\text{および}\qquad\lambda+\mu=a+c$$

より

$$\boldsymbol{p}_\mu=\begin{pmatrix}b\\\mu-a\end{pmatrix}=\frac{\mu-a}{b}\begin{pmatrix}\mu-c\\b\end{pmatrix}=\frac{\mu-a}{b}\begin{pmatrix}a-\lambda\\b\end{pmatrix}$$

であるから，

$$\boldsymbol{p}_\lambda\cdot\boldsymbol{p}_\mu=\frac{\mu-a}{b}\{b(a-\lambda)+(\lambda-a)b\}=0$$

となる．したがって，この場合も相異なる固有値に属する固有ベクトルは直交する． □

上に述べたことを用いると，2次実対称行列 $A=\begin{pmatrix}a & b\\ b & c\end{pmatrix}$ $(b\neq0)$ の直交行列による対角化も，以下のように具体的に記すことができる．

$$\begin{pmatrix}b\\\lambda-a\end{pmatrix},\qquad\begin{pmatrix}a-\lambda\\b\end{pmatrix}$$

はそれぞれ A の固有値 λ, μ に属する固有ベクトルであり，かつ大きさが等しい．そこで，これらを共通の大きさで割って，

$$\boldsymbol{w}_1 = \frac{1}{\sqrt{(\lambda-a)^2+b^2}}\begin{pmatrix} b \\ \lambda-a \end{pmatrix}, \qquad \boldsymbol{w}_2 = \frac{1}{\sqrt{(\lambda-a)^2+b^2}}\begin{pmatrix} -(\lambda-a) \\ b \end{pmatrix}$$

とおくと，

$$\|\boldsymbol{w}_1\| = 1, \qquad \|\boldsymbol{w}_2\| = 1, \qquad \boldsymbol{w}_1 \cdot \boldsymbol{w}_2 = 0$$

が成り立つ．しかも，$\boldsymbol{w}_1, \boldsymbol{w}_2$ はそれぞれ固有値 λ, μ に属する A の固有ベクトルである．よって，$U = (\boldsymbol{w}_1 \quad \boldsymbol{w}_2)$ は直交行列であり，

$$AU = U\begin{pmatrix} \lambda & 0 \\ 0 & \mu \end{pmatrix} \qquad \text{すなわち} \qquad U^{-1}AU = \begin{pmatrix} \lambda & 0 \\ 0 & \mu \end{pmatrix}$$

が成り立つ．

ところで，$\boldsymbol{w}_1, \boldsymbol{w}_2$ の成分を見比べればわかるように，$U = (\boldsymbol{w}_1 \quad \boldsymbol{w}_2)$ は次の形をした行列である．

$$U = \begin{pmatrix} u_1 & -u_2 \\ u_2 & u_1 \end{pmatrix} \qquad (u_1{}^2 + u_2{}^2 = 1)$$

したがって，ある実数 θ を用いて

$$U = \begin{pmatrix} \cos\theta & -\sin\theta \\ \sin\theta & \cos\theta \end{pmatrix}$$

と表すことができる．

3.2.4 平面上の曲線の回転
[1] 楕円 $x^2 + 5y^2 = 1$ の回転

楕円 $x^2 + 5y^2 = 1$ を C とおく．C を原点を中心として $\frac{\pi}{4}$ だけ回転させて得られる楕円 C' の方程式を求めてみよう．$\mathrm{P}(x,y)$ を C' 上の任意の点とし，この回転移動により P に移される C 上の点を $\mathrm{Q}(X,Y)$ とすると，

$$\begin{pmatrix} X \\ Y \end{pmatrix} = \begin{pmatrix} \cos\left(-\frac{\pi}{4}\right) & -\sin\left(\frac{\pi}{4}\right) \\ \sin\left(-\frac{\pi}{4}\right) & \cos\left(-\frac{\pi}{4}\right) \end{pmatrix}\begin{pmatrix} x \\ y \end{pmatrix} = \frac{1}{\sqrt{2}}\begin{pmatrix} 1 & 1 \\ -1 & 1 \end{pmatrix}\begin{pmatrix} x \\ y \end{pmatrix}$$

である. この等式の左辺と右辺を転置すれば,

$$(X \ Y) = \frac{1}{\sqrt{2}}(x \ y)\begin{pmatrix} 1 & -1 \\ 1 & 1 \end{pmatrix}.$$

したがって,

$$1 = X^2 + 5Y^2 = (X \ Y)\begin{pmatrix} 1 & 0 \\ 0 & 5 \end{pmatrix}\begin{pmatrix} X \\ Y \end{pmatrix}$$

$$= \frac{1}{2}(x \ y)\begin{pmatrix} 1 & -1 \\ 1 & 1 \end{pmatrix}\begin{pmatrix} 1 & 0 \\ 0 & 5 \end{pmatrix}\begin{pmatrix} 1 & 1 \\ -1 & 1 \end{pmatrix}\begin{pmatrix} x \\ y \end{pmatrix}$$

$$= 3x^2 - 4xy + 3y^2$$

となる. ゆえに, C' の方程式は $3x^2 - 4xy + 3y^2 = 1$ である.

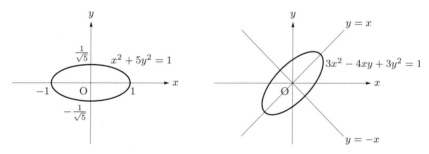

[2] 曲線 $x^2 + 2xy + 2y^2 = 1$ の回転

次に, 方程式 $x^2 + 2xy + 2y^2 = 1$ で定義される曲線について調べよう.

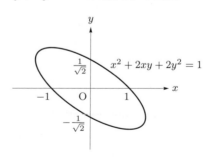

これが楕円であることは図から察せられるが，そのことを式で実際に確かめたい．そのためには，この曲線がある楕円

$$\alpha x^2 + \beta y^2 = 1 \quad (\alpha, \beta \text{ は正の実数})$$

の回転移動により得られることを示せばよい．

一般に，a, b, c を実数の定数とするとき，x, y の同次 2 次式

$$f(x, y) = ax^2 + 2bxy + cy^2$$

を，x, y の **2 次形式**という．2 次実対称行列 A およびベクトル $\boldsymbol{x}$ を

$$A = \begin{pmatrix} a & b \\ b & c \end{pmatrix}, \quad \boldsymbol{x} = \begin{pmatrix} x \\ y \end{pmatrix}$$

と定めると，簡単にわかるように，

$$f(x, y) = {}^t\boldsymbol{x} A \boldsymbol{x}$$

が成り立つ．

3.2.3 項で示したように，原点を中心とする回転移動を表す行列

$$U = \begin{pmatrix} \cos\theta & -\sin\theta \\ \sin\theta & \cos\theta \end{pmatrix}$$

のうちで

$$ {}^t U A U = \begin{pmatrix} \lambda & 0 \\ 0 & \mu \end{pmatrix} \quad (\lambda, \mu \text{ は } A \text{ の固有値})$$

となるものが存在する（${}^t U = U^{-1}$ に注意）．そこで，$\boldsymbol{y} = {}^t U \boldsymbol{x}$ とおくことによりベクトル $\boldsymbol{y} = \begin{pmatrix} X \\ Y \end{pmatrix}$ を定めると，$\boldsymbol{x} = U\boldsymbol{y}$ であるから，

$$f(x, y) = {}^t(U\boldsymbol{y}) A (U\boldsymbol{y}) = {}^t\boldsymbol{y} ({}^t U A U) \boldsymbol{y} = (X \ \ Y) \begin{pmatrix} \lambda & 0 \\ 0 & \mu \end{pmatrix} \begin{pmatrix} X \\ Y \end{pmatrix}$$

$$= \lambda X^2 + \mu Y^2$$

となる. 右辺の2次形式 $\lambda X^2 + \mu Y^2$ を, $f(x,y)$ の標準形という.

話をもとに戻そう. $f(x,y) = x^2 + 2xy + 2y^2$ に対しては, $A = \begin{pmatrix} 1 & 1 \\ 1 & 2 \end{pmatrix}$ とおけば, $f(x,y) = {}^t\boldsymbol{x}A\boldsymbol{x}$ となる. A の固有値 λ, μ は, $\lambda < \mu$ とすれば,

$$\lambda = \frac{3 - \sqrt{5}}{2}, \qquad \mu = \frac{3 + \sqrt{5}}{2}$$

である. また, A を対角化する直交行列 U を 3.2.3 項の方法で求めると,

$$U = \sqrt{\frac{2}{5 - \sqrt{5}}} \begin{pmatrix} 1 & -(1 - \sqrt{5})/2 \\ (1 - \sqrt{5})/2 & 1 \end{pmatrix}$$

となる. この U に対して $\begin{pmatrix} x \\ y \end{pmatrix} = U \begin{pmatrix} X \\ Y \end{pmatrix}$ とおくと, $f(x,y)$ は標準形に変換される. すなわち, 等式

$$x^2 + 2xy + 2y^2 = \lambda X^2 + \mu Y^2$$

が成り立つ. このことは, 曲線 $x^2 + 2xy + 2y^2 = 1$ 上の点 (x,y) を任意にとったとき, U の表す回転移動によって点 (x,y) に移される点 (X,Y) が, 方程式

$$\lambda x^2 + \mu y^2 = 1$$

で定義される曲線 C 上の点であることを意味する. 回転の角 θ は, $\cos\theta > 0$ かつ $\tan\theta = \dfrac{\sin\theta}{\cos\theta} = \dfrac{1 - \sqrt{5}}{2}$ を満たすから, $\theta = \tan^{-1}\dfrac{1 - \sqrt{5}}{2}$ である. しかも, $0 < \lambda < \mu$ であるから曲線 C は確かに楕円であり, これを U の表す回転移動によって回転させたものが曲線 $x^2 + 2xy + 2y^2 = 1$ となる.

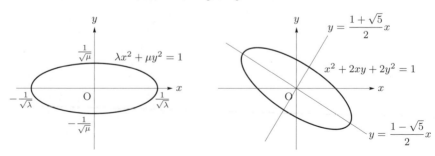

問 題 3.2

1. 次の実対称行列を，直交行列を用いて対角化せよ.

(1) $\begin{pmatrix} 1 & 0 & -1 \\ 0 & 1 & 1 \\ -1 & 1 & 0 \end{pmatrix}$

(2) $\begin{pmatrix} 1 & 1 & -1 \\ 1 & 0 & 1 \\ -1 & 1 & 1 \end{pmatrix}$

(3) $\begin{pmatrix} 1 & 1 & -1 \\ 1 & 1 & 1 \\ -1 & 1 & 1 \end{pmatrix}$

(4) $\begin{pmatrix} 0 & 2 & -1 \\ 2 & -3 & 2 \\ -1 & 2 & 0 \end{pmatrix}$

2. 次の実対称行列を，直交行列を用いて対角化せよ.

(1) $\begin{pmatrix} 2 & -1 & -1 & -1 \\ -1 & 2 & -1 & -1 \\ -1 & -1 & 0 & 1 \\ -1 & -1 & 1 & 4 \end{pmatrix}$

(2) $\begin{pmatrix} 1 & 2 & -2 & -1 \\ 2 & 1 & -2 & -1 \\ -2 & -2 & 5 & 2 \\ -1 & -1 & 2 & 2 \end{pmatrix}$

(3) $\begin{pmatrix} -4 & 5 & -4 & -2 \\ 5 & -4 & 4 & 2 \\ -4 & 4 & -5 & 4 \\ -2 & 2 & 4 & -11 \end{pmatrix}$

(4) $\begin{pmatrix} 4 & 2 & -2 & -1 \\ 2 & 1 & 4 & 2 \\ -2 & 4 & -1 & 2 \\ -1 & 2 & 2 & -4 \end{pmatrix}$

(5) $\begin{pmatrix} 9 & -2 & 1 & 3 \\ -2 & 6 & 2 & 6 \\ 1 & 2 & 9 & -3 \\ 3 & 6 & -3 & 1 \end{pmatrix}$

(6) $\begin{pmatrix} 2 & 2 & -1 & -6 \\ 2 & 5 & -2 & -12 \\ -1 & -2 & 2 & 6 \\ -6 & -12 & 6 & 37 \end{pmatrix}$

3. 次の曲線を適当に回転させて，$\lambda x^2 + \mu y^2 = 1$ の形に表せ.

(1) $x^2 + 4xy + 5y^2 = 1$

(2) $x^2 + 4xy + y^2 = 1$

第4章　発展的な話題

4.1　概念の抽象化

4.1.1　幾何学的ベクトルと数ベクトルに関する復習

　平面上のベクトルの演算に関する基本事項は，次のようにまとめられる.

　ベクトル $\vec{a}$ と大きさが等しく，向きが反対のベクトルを $-\vec{a}$ で表す. また，大きさが 0 のベクトルを $\vec{0}$ で表す. $\vec{a}$, $\vec{b}$, $\vec{c}$ を平面上のベクトルとし，k, l を実数とするとき，ベクトルの和および実数倍について以下のことが成り立つ.

(1)　$\vec{a} + \vec{b} = \vec{b} + \vec{a}$

(2)　$(\vec{a} + \vec{b}) + \vec{c} = \vec{a} + (\vec{b} + \vec{a})$

(3)　$\vec{a} + \vec{0} = \vec{a}$

(4)　$\vec{a} + (-\vec{a}) = \vec{0}$

(5)　$1\vec{a} = \vec{a}$

(6)　$k(l\vec{a}) = (kl)\vec{a}$

(7)　$(k+l)\vec{a} = k\vec{a} + l\vec{a}$

(8)　$k(\vec{a} + \vec{b}) = k\vec{a} + k\vec{b}$

　上で述べたことは，$\vec{a}$, $\vec{b}$, $\vec{c}$ が空間のベクトルである場合もすべて成り立つ.

　次に，実数を成分とする数ベクトルの演算についてまとめておく. ベクトル $\boldsymbol{a}$ のすべての成分を -1 倍したベクトルを $-\boldsymbol{a}$ で表す. また，すべての成分が 0 であるベクトルを $\boldsymbol{0}$ で表す. $\boldsymbol{a}$, $\boldsymbol{b}$, $\boldsymbol{c}$ を同じ次数の数ベクトルとし，k, l を実数とするとき，ベクトルの和および実数倍について以下のことが成り立つ.

(1)　$\boldsymbol{a} + \boldsymbol{b} = \boldsymbol{b} + \boldsymbol{a}$

(2)　$(\boldsymbol{a} + \boldsymbol{b}) + \boldsymbol{c} = \boldsymbol{a} + (\boldsymbol{b} + \boldsymbol{a})$

(3)　$\boldsymbol{a} + \boldsymbol{0} = \boldsymbol{a}$

(4) $\boldsymbol{a} + (-\boldsymbol{a}) = \boldsymbol{0}$
(5) $1\boldsymbol{a} = \boldsymbol{a}$
(6) $k(l\boldsymbol{a}) = (kl)\boldsymbol{a}$
(7) $(k + l)\boldsymbol{a} = k\boldsymbol{a} + l\boldsymbol{a}$
(8) $k(\boldsymbol{a} + \boldsymbol{b}) = k\boldsymbol{a} + k\boldsymbol{b}$

つまり，数ベクトルにおいても幾何学的ベクトルとまったく同様の性質が成り立つ．しかも，数の範囲を複素数にまで拡げても，やはり上記のことがらが成り立つ．

4.1.2　ベクトル空間の公理

幾何学的ベクトルや数ベクトルと同様の演算が行えるものはほかにもあり，関数はその代表例といっていいだろう．ここでは簡単のため実数全体で定義される実数値関数について考える．関数 f に対して，実数 x における f の値を通常のように $f(x)$ で表す．f と g を関数とするとき，各 x に対して値が $f(x) + g(x)$ である関数を f と g の和と呼び，$f + g$ で表す．また，k を実数とするとき，各 x に対して値が $kf(x)$ である関数を f の k 倍と呼び，kf で表す．各実数 x に対して値が $-f(x)$ である関数を $-f$ で表す．また，すべての実数 x に対して値が 0 である関数を，数の零を表す記号を流用して 0 で表す．f, g, h を関数とし，k, l を実数とするとき，関数の和および実数倍について以下のことが成り立つ．

(1) $f + g = g + f$
(2) $(f + g) + h = f + (g + f)$
(3) $f + 0 = f$
(4) $f + (-f) = 0$
(5) $1f = f$
(6) $k(lf) = (kl)f$
(7) $(k + l)f = kf + lf$
(8) $k(f + g) = kf + kg$

このように際だった共通性があるにも拘わらず，関数が幾何学的ベクトルや数ベクトルとは似ても似つかないからといってまったく別個に扱うのは合理的な

やり方とは言い難い. 共通の性質に関わることがらは, ひとつの議論の中で行ってしまいたい. そこで, ベクトルの概念を抽象化してしまうことを考えよう.

　集合 V に属する元に対して, 和および実数倍と呼ばれる演算が定められていて, 以下の 8 つの条件が満たされるとする. ただし, $\boldsymbol{a}$ と $\boldsymbol{b}$ の和は $\boldsymbol{a}+\boldsymbol{b}$ と表し, また, 実数 k に対して $\boldsymbol{a}$ の k 倍は $k\boldsymbol{a}$ と表すものとする. このとき, V をベクトル空間 (より詳しくは, 実ベクトル空間) と呼び, V の各元を V のベクトルと呼ぶ.

(1)　V の任意の元 $\boldsymbol{a}, \boldsymbol{b}$ に対して　$\boldsymbol{a}+\boldsymbol{b}=\boldsymbol{b}+\boldsymbol{a}$

(2)　V の任意の元 $\boldsymbol{a}, \boldsymbol{b}, \boldsymbol{c}$ に対して　$(\boldsymbol{a}+\boldsymbol{b})+\boldsymbol{c}=\boldsymbol{a}+(\boldsymbol{b}+\boldsymbol{a})$

(3)　$\boldsymbol{0}$ で表される V の元があり, V の任意の元 $\boldsymbol{a}$ に対して　$\boldsymbol{a}+\boldsymbol{0}=\boldsymbol{a}$

(4)　$\boldsymbol{a}$ を V の元とすると, ある V の元 $\boldsymbol{x}$ に対して　$\boldsymbol{a}+\boldsymbol{x}=\boldsymbol{0}$

(5)　V の任意の元 $\boldsymbol{a}$ に対して　$1\boldsymbol{a}=\boldsymbol{a}$

(6)　V の任意の元 $\boldsymbol{a}$ および任意の実数 k, l に対して　$k(l\boldsymbol{a})=(kl)\boldsymbol{a}$

(7)　V の任意の元 $\boldsymbol{a}$ および任意の実数 k, l に対して　$(k+l)\boldsymbol{a}=k\boldsymbol{a}+l\boldsymbol{a}$

(8)　V の任意の元 $\boldsymbol{a}, \boldsymbol{b}$ および任意の実数 k に対して　$k(\boldsymbol{a}+\boldsymbol{b})=k\boldsymbol{a}+k\boldsymbol{b}$

　V として実数全体で定義される実数値関数全体からなる集合をとると, 関数の和と実数倍に関して V はベクトル空間となるから, この意味において V に属する各関数はそれぞれ V のベクトルとみなされる. もはや, われわれは「ベクトルとは向きと大きさで定まる量である」とか「ベクトルとはいくつかの数の組である」といった固定観念から解き放たれなければならない.

　さて, 8 つの条件から導かれるいくつかの事実を述べておこう. ベクトルの概念が一新されているので, 当たり前と思わずに 8 つの条件だけを頼りに証明していくことがだいじである.

補題 4.1.1　(1)　条件 (3) を満たす $\boldsymbol{0}$ は 1 つしか存在しない.

(2)　条件 (4) を満たす $\boldsymbol{x}$ は, $\boldsymbol{a}$ に対して 1 つしか存在しない.

証明　(1)　$\boldsymbol{0}'$ で表される V のベクトルがあり, V の任意のベクトル $\boldsymbol{a}$ に対して

$\boldsymbol{a} + \boldsymbol{0}' = \boldsymbol{a}$ が成り立つとする．このとき，$\boldsymbol{a} = \boldsymbol{0}$ とおくと，

$$\boldsymbol{0} + \boldsymbol{0}' = \boldsymbol{0}$$

となる．一方，条件 (3) において $\boldsymbol{a} = \boldsymbol{0}'$ とおくと，

$$\boldsymbol{0}' + \boldsymbol{0} = \boldsymbol{0}'$$

となる．ここで，条件 (1) により $\boldsymbol{0}' + \boldsymbol{0} = \boldsymbol{0} + \boldsymbol{0}'$ であるから，

$$\boldsymbol{0}' = \boldsymbol{0}$$

であることがわかる．

(2)　$\boldsymbol{a}$ を V のベクトルとする．もし $\boldsymbol{x}'$ に対して $\boldsymbol{a} + \boldsymbol{x}' = \boldsymbol{0}$ となったとすると，条件 (1)〜(4) および $\boldsymbol{x}'$ についての仮定から，

$$\begin{aligned}
\boldsymbol{x}' &= \boldsymbol{x}' + \boldsymbol{0} = \boldsymbol{x}' + (\boldsymbol{a} + \boldsymbol{x}) = (\boldsymbol{x}' + \boldsymbol{a}) + \boldsymbol{x} \\
&= (\boldsymbol{a} + \boldsymbol{x}') + \boldsymbol{x} = \boldsymbol{0} + \boldsymbol{x} = \boldsymbol{x} + \boldsymbol{0} \\
&= \boldsymbol{x}
\end{aligned}$$

となる．よって，$\boldsymbol{x}' = \boldsymbol{x}$ である．　　　　　　　　　　　□

　条件 (3) の $\boldsymbol{0}$ を，V の零ベクトルと呼ぶ．また，条件 (4) の $\boldsymbol{x}$ を $-\boldsymbol{a}$ で表す．

補題 4.1.2　以下のことが成り立つ．ただし，$\boldsymbol{a}$ は V のベクトル，k は実数である．

(1)　$0\boldsymbol{a} = \boldsymbol{0}$　　　　　　　　(2)　$k\boldsymbol{0} = \boldsymbol{0}$　　　　　　　　(3)　$(-1)\boldsymbol{a} = -\boldsymbol{a}$

証明　(1)　条件 (7) から，

$$0\boldsymbol{a} = (0 + 0)\boldsymbol{a} = 0\boldsymbol{a} + 0\boldsymbol{a}$$

である．この等式の左辺に $-(0\boldsymbol{a})$ を加えると $\boldsymbol{0}$ になる．また，右辺に同じく $-(0\boldsymbol{a})$ を加えると，条件 (2), (3) から，

$$(0\boldsymbol{a} + 0\boldsymbol{a}) + (-(0\boldsymbol{a})) = 0\boldsymbol{a} + \{0\boldsymbol{a} + (-(0\boldsymbol{a}))\} = 0\boldsymbol{a} + \boldsymbol{0} = 0\boldsymbol{a}$$

となる．よって，$0\boldsymbol{a} = \boldsymbol{0}$ が成り立つ．

(2) 条件 (3), (8) から,

$$k\mathbf{0} = k(\mathbf{0} + \mathbf{0}) = k\mathbf{0} + k\mathbf{0}$$

である. この等式の左辺に $-(k\mathbf{0})$ を加えると $\mathbf{0}$ になる. また, 右辺に同じく $-(k\mathbf{0})$ を加えると, 条件 (2), (3) から,

$$(k\mathbf{0} + k\mathbf{0}) + (-(k\mathbf{0})) = k\mathbf{0} + \{k\mathbf{0} + (-(k\mathbf{0}))\} = k\mathbf{0} + \mathbf{0} = k\mathbf{0}$$

となる. よって, $k\mathbf{0} = \mathbf{0}$ が成り立つ.

(3) (1) および条件 (7), (5) から,

$$\mathbf{0} = 0\boldsymbol{a} = (1 + (-1))\boldsymbol{a} = 1\boldsymbol{a} + (-1)\boldsymbol{a} = \boldsymbol{a} + (-1)\boldsymbol{a}$$

である. このことと条件 (4) および補題 4.1.1 (2) から, $(-1)\boldsymbol{a} = -\boldsymbol{a}$ であることがわかる. □

なお, 抽象的なベクトル空間を定義する際, 数の範囲を実数に限定した. 数の範囲を複素数全体とした場合でも, まったく同様にしてベクトル空間の概念を導入することができる. その場合は, 複素ベクトル空間と呼ぶ.

4.1.3 ベクトル空間の基底

V を実ベクトル空間とする. ベクトルの 1 次結合, 1 次独立, 1 次従属, といった概念は, 数ベクトルの場合 (17 ページおよび 29 ページ参照) と同様, 次のように定義される.

V のいくつかのベクトル $\boldsymbol{a}_1, \boldsymbol{a}_2, \ldots, \boldsymbol{a}_n$ を用いて次の形に表されるベクトルを, $\boldsymbol{a}_1, \boldsymbol{a}_2, \ldots, \boldsymbol{a}_n$ の 1 次結合という.

$$c_1\boldsymbol{a}_1 + c_2\boldsymbol{a}_2 + \cdots + c_n\boldsymbol{a}_n \qquad (c_1, c_2, \ldots, c_n \in \mathbf{R})$$

また, 等式

$$c_1\boldsymbol{a}_1 + c_2\boldsymbol{a}_2 + \cdots + c_n\boldsymbol{a}_n = \mathbf{0}$$

が成り立つのが $c_1 = c_2 = \cdots = c_n = 0$ のときに限るとき, ベクトルの組 $\boldsymbol{a}_1$, $\boldsymbol{a}_2, \ldots, \boldsymbol{a}_n$ は 1 次独立であるという. 1 次独立でないときは, 1 次従属であるという.

V は実ベクトル空間で，かつ $V \neq \{\mathbf{0}\}$ であるとする．また，V のいくつかのベクトル $\boldsymbol{a}_1, \boldsymbol{a}_2, \ldots, \boldsymbol{a}_n$ があり，V の任意のベクトル $\boldsymbol{x}$ がこれらの1次結合として（つまり，次の形に）ただ1通りに表されるとする．

$$\boldsymbol{x} = c_1 \boldsymbol{a}_1 + c_2 \boldsymbol{a}_2 + \cdots + c_n \boldsymbol{a}_n \qquad (c_1, c_2, \ldots, c_n \in \mathbf{R})$$

このとき，ベクトルの組 $\boldsymbol{a}_1, \boldsymbol{a}_2, \ldots, \boldsymbol{a}_n$ を V の基底と呼ぶ．

ベクトルの組 $\boldsymbol{a}_1, \boldsymbol{a}_2, \ldots, \boldsymbol{a}_n$ が V の基底であるための必要十分条件は，この組が次の2条件を満たすことである．
(1) ベクトルの組 $\boldsymbol{a}_1, \boldsymbol{a}_2, \ldots, \boldsymbol{a}_n$ は1次独立である．
(2) V の任意のベクトル $\boldsymbol{x}$ は $\boldsymbol{a}_1, \boldsymbol{a}_2, \ldots, \boldsymbol{a}_n$ の1次結合である．

ベクトルの組 $\boldsymbol{a}_1, \boldsymbol{a}_2, \ldots, \boldsymbol{a}_n$ およびこれとは別のベクトルの組 $\boldsymbol{b}_1, \boldsymbol{b}_2, \ldots, \boldsymbol{b}_m$ があり，どちらの組も V の基底であるとする．このとき，$m = n$ である（証明略）．すなわち，V が有限個のベクトルからなる基底をもつとき，V の基底を構成するベクトルの個数は，基底の選び方によらず一定である．そこで，この一定の値を V の次元と呼び，$\dim V$ で表す．

$V = \{\mathbf{0}\}$ の次元は0と定める．

例 4.1.1 (1) 実数のみを成分にもつ n 次列ベクトルの全体からなる集合

$$\mathbf{R}^n = \left\{ \begin{pmatrix} a_1 \\ a_2 \\ \vdots \\ a_n \end{pmatrix} \middle| a_1, a_2, \ldots, a_n \in \mathbf{R} \right\}$$

は，n 次元実ベクトル空間である．
(2) $m \times n$ 行列 A は実数のみを成分にもつとする．同次連立1次方程式 $A\boldsymbol{x} = \mathbf{0}$ の実数の範囲での解全体の集合 (実数の範囲で考えた解空間) は実ベクトル空間である．また，その次元は $n - \operatorname{rank} A$ である． ■

本項ではここまで実ベクトル空間について述べてきたが，数の範囲を複素数全体に置き換えれば，複素ベクトル空間についてもまったく同様のことがいえる．

例 **4.1.2** (1) 複素数の範囲に成分をもつ n 次列ベクトルの全体からなる集合

$$\mathbf{C}^n = \left\{ \begin{pmatrix} a_1 \\ a_2 \\ \vdots \\ a_n \end{pmatrix} \middle| a_1, a_2, \ldots, a_n \in \mathbf{C} \right\}$$

は，n 次元複素ベクトル空間である．
(2) $m \times n$ 行列 A は複素数の範囲に成分をもつとする．同次連立 1 次方程式 $A\boldsymbol{x} = \mathbf{0}$ の複素数の範囲での解全体の集合 (複素数の範囲で考えた解空間) は複素ベクトル空間である．また，その次元は $n - \operatorname{rank} A$ である． ∎

4.1.4 内積

簡単のため，本項では数の範囲を実数に限る．

平面上の 2 つのベクトルを任意に与えると，それらの内積と呼ばれる数が計算できる．空間のベクトルどうし，あるいは n 次数ベクトルどうしにおいても内積の概念がある．

$\overrightarrow{a}$, $\overrightarrow{b}$, $\overrightarrow{c}$ を平面上のベクトルとし，k, l を実数とすると，内積について次のことが成り立つ．
(1) $\overrightarrow{a} \cdot \overrightarrow{b} = \overrightarrow{b} \cdot \overrightarrow{a}$
(2) $(\overrightarrow{a} + \overrightarrow{b}) \cdot \overrightarrow{c} = \overrightarrow{a} \cdot \overrightarrow{c} + \overrightarrow{b} \cdot \overrightarrow{c}$
(3) $(k\overrightarrow{a}) \cdot \overrightarrow{b} = k(\overrightarrow{a} \cdot \overrightarrow{b})$
(4) $\overrightarrow{a} \cdot \overrightarrow{a} \geqq 0$ (等号成立は $\overrightarrow{a} = \overrightarrow{0}$ のときに限る)

ベクトルを空間のベクトルに置き換えても，同じことが成り立つ．また，数ベクトルの標準内積でも同じことが成り立つ．つまり，どの場合においても，内積には共通の基本性質がある．

これらのことをもとに，抽象的なベクトル空間においても内積の概念を導入しよう．V を実ベクトル空間とする．また，V の 2 つのベクトルを任意に与えたとき，それらに対して実数を対応させる仕組みが与えられているとする．2 つ

のベクトル $\boldsymbol{a}$, $\boldsymbol{b}$ に対応する実数を $(\boldsymbol{a}, \boldsymbol{b})$ で表すことにしよう. この対応において, 次のことが成り立つとき, 実数 $(\boldsymbol{a}, \boldsymbol{b})$ を $\boldsymbol{a}$, $\boldsymbol{b}$ の内積と呼ぶ.

(1) V の任意のベクトル $\boldsymbol{a}$, $\boldsymbol{b}$ に対して $(\boldsymbol{a}, \boldsymbol{b}) = (\boldsymbol{b}, \boldsymbol{a})$

(2) V の任意のベクトル $\boldsymbol{a}$, $\boldsymbol{b}$, $\boldsymbol{c}$ に対して $(\boldsymbol{a} + \boldsymbol{b}, \boldsymbol{c}) = (\boldsymbol{a}, \boldsymbol{c}) + (\boldsymbol{b}, \boldsymbol{c})$

(3) V の任意のベクトル $\boldsymbol{a}$ および任意の実数 k に対して $(k\boldsymbol{a}, \boldsymbol{b}) = k(\boldsymbol{a}, \boldsymbol{b})$

(4) V の任意のベクトル $\boldsymbol{a}$ に対して $\boldsymbol{a} \cdot \boldsymbol{a} \geqq 0$
    (等号成立は $\boldsymbol{a} = \boldsymbol{0}$ のときに限る)

　ベクトル $\boldsymbol{a}$ の大きさ (ノルムともいう) $\|\boldsymbol{a}\|$ は,

$$\|\boldsymbol{a}\| = \sqrt{(\boldsymbol{a}, \boldsymbol{a})}$$

によって定める. また, $(\boldsymbol{a}, \boldsymbol{b}) = 0$ であるとき, $\boldsymbol{a}$ と $\boldsymbol{b}$ は直交するという.

4.2　ルジャンドルの多項式

　x に関する n 次以下の実数係数多項式全体および零多項式からなる集合

$$V = \{c_0 + c_1 x + \cdots + c_n x^n \mid c_0, c_1, \ldots, c_n \in \mathbf{R}\} = \langle 1, x, \ldots, x^n \rangle$$

は, 多項式の和と実数倍に関して $n+1$ 次元実ベクトル空間となる. n 次以下の実数係数多項式および零多項式を V のベクトルとみなして話を進める.

　V における内積 (f, g) を

$$(f, g) = \int_{-1}^{1} f(x)g(x)\,dx \qquad (f(x),\ g(x) \in V) \tag{4.2.1}$$

により定義することができる. これが内積の公理を満たすことは, 積分の性質から容易にわかる. 実際, V のベクトル f_1, f_2, g および実数 k に対して,

$$(f, g) = \int_{-1}^{1} f(x)g(x)\,dx = \int_{-1}^{1} g(x)f(x)\,dx = (g, f),$$

$$(f_1 + f_2, g) = \int_{-1}^{1} \{f_1(x) + f_2\}g(x)\,dx = \int_{-1}^{1} f_1(x)g(x)\,dx + \int_{-1}^{1} f_2(x)g(x)\,dx$$

$$= (f_1, g) + (f_2, g),$$

$$(kf, g) = \int_{-1}^{1} \{kf(x)\}g(x)\,dx = k\int_{-1}^{1} f(x)g(x)\,dx = k(f, g),$$

$$(f, f) = \int_{-1}^{1} \{f(x)\}^2\,dx \geqq 0$$

である. しかも, 最後の式の積分の値が 0 となるのは $f(x)$ が区間 $[-1, 1]$ 上で常に 0 である場合に限るが, そのような $f(x)$ は零多項式しかない. よって, $(f, f) = 0$ となるのは $f = 0$ のときに限る.

さて, V の基底として $n + 1$ 個のベクトルの組

$$1, \quad x, \quad \ldots, \quad x^n$$

がとれるが, これは内積 (4.2.1) に関して正規直交基底 (基底であって, かつ正規直交系をなすもの) とはならない. 実際, たとえば

$$(x^i, x^{i-2}) = \int_{-1}^{1} x^{2i-2}\,dx = \frac{2}{2i-1} \neq 0$$

である. そこで, この基底にグラム・シュミットの直交化法を適用して, V の正規直交基底をつくることを考えよう. 例として $n = 3$ の場合を扱う.

例 **4.2.1** 4次元実ベクトル空間

$$V = \{c_0 + c_1 x + c_2 x^2 + c_3 x^3 \mid c_0, c_1, c_2, c_3 \in \mathbf{R}\}$$

の基底 $1, x, x^2, x^3$ にグラム・シュミットの直交化法を適用すると, 以下のようになる.

$$f_0 = 1, \quad f_1 = x, \quad f_2 = x^2, \quad f_3 = x^3$$

とおき, g_0, g_1, g_2, g_3 を次のように定める.

$$g_0 = f_0 = 1, \qquad (g_0, g_0) = \int_{-1}^{1} dx = 2$$

$$g_1 = f_1 - \frac{(f_1, g_0)}{(g_0, g_0)}g_0 = x - \frac{\int_{-1}^{1} x\,dx}{2} \cdot 1 = x, \qquad (g_1, g_1) = \int_{-1}^{1} x^2\,dx = \frac{2}{3}$$

$$g_2 = f_2 - \frac{(f_2, g_0)}{(g_0, g_0)}g_0 - \frac{(f_2, g_1)}{(g_1, g_1)}g_1 = x^2 - \frac{\int_{-1}^{1} x^2\,dx}{2}\cdot 1 - \frac{\int_{-1}^{1} x^3\,dx}{2/3}\cdot x$$

$$= x^2 - \frac{1}{3}, \qquad (g_2, g_2) = \int_{-1}^{1}\left(x^2 - \frac{1}{3}\right)^2 dx = \frac{8}{45}$$

$$g_3 = f_3 - \frac{(f_3, g_0)}{(g_0, g_0)}g_0 - \frac{(f_3, g_1)}{(g_1, g_1)}g_1 - \frac{(f_3, g_2)}{(g_2, g_2)}g_2$$

$$= x^3 - \frac{\int_{-1}^{1} x^3\,dx}{2}\cdot 1 - \frac{\int_{-1}^{1} x^4\,dx}{2/3}\cdot x - \frac{\int_{-1}^{1} x^3(x^2 - 1/3)\,dx}{8/45}\cdot\left(x^2 - \frac{1}{3}\right)$$

$$= x^3 - \frac{3}{5}x, \qquad (g_3, g_3) = \int_{-1}^{1}\left(x^3 - \frac{3}{5}x\right)^2 dx = \frac{8}{175}$$

次に，g_0, g_1, g_2, g_3 を正規化する．

$$h_0 = \frac{g_0}{||g_0||} = \frac{1}{\sqrt{2}}$$

$$h_1 = \frac{g_1}{||g_1||} = \sqrt{\frac{3}{2}}\,x$$

$$h_2 = \frac{g_2}{||g_2||} = \sqrt{\frac{5}{2}}\cdot\frac{1}{2}(3x^2 - 1)$$

$$h_3 = \frac{g_3}{||g_3||} = \sqrt{\frac{7}{2}}\cdot\frac{1}{2}(5x^3 - 3x)$$

このとき，ベクトルの組 h_0, h_1, h_2, h_3 は V の正規直交基底になる． ∎

一般の n についても，このようにして正規直交基底が得られる．

$$h_4 = \sqrt{\frac{9}{2}}\cdot\frac{1}{8}(35x^4 - 30x^2 + 3)$$

$$h_5 = \sqrt{\frac{11}{2}}\cdot\frac{1}{8}(63x^5 - 70x^3 + 15x)$$

$$\cdots\cdots\cdots$$

実は，$k - 0, 1, 2, \ldots$ に対して

$$h_k = \sqrt{\frac{2k + 1}{2}}\cdot P_k(x)$$

とおくと，

$$P_k(x) = \frac{1}{k!2^k} \frac{d^k}{dx^k}(x^2-1)^k$$

であることが示せる．この $P_k(x)$ はルジャンドルの多項式と呼ばれ，解析学で重要な役割をもっている．$P_k(x)$ の興味深い性質をいくつか挙げておく．

(1) $y = P_k(x)$ はルジャンドルの微分方程式

$$(x^2-1)y'' + 2xy' - k(k+1)y = 0$$

を満たす．

(2) $\{P_k(x)\}$ は漸化式

$$(k+1)P_{k+1}(x) - (2k+1)xP_k(x) + kP_{k-1}(x) = 0 \qquad (k = 1, 2, 3, \dots)$$

を満たす．

(3) $P_k(x)$ は開区間 $(-1, 1)$ 内に相異なる k 個の根をもつ．

(4) k を固定したとき，すべての k 次モニック (すなわち，x^k の係数が 1 の) 多項式

$$f(x) = x^k + a_{k-1}x^{k-1} + \cdots + a_0 \qquad (a_{k-1}, \dots, a_1, a_0 \in \mathbf{R})$$

に関する定積分 $\displaystyle\int_{-1}^{1} \{f(x)\}^2 \, dx$ の全体からなる集合には最小値がある．しかも，定積分が最小となるときの $f(x)$ は $P_k(x)$ の定数倍である．

索 引

長谷川 雄之 （はせがわ ゆうじ）　室蘭工業大学

固有値・固有ベクトルと行列の対角化

2020 年 3 月 20 日　　第 1 版第 1 刷　発行
2022 年 2 月 10 日　　第 1 版第 2 刷　発行

著　者　長谷川雄之

発行者　長谷川幹男

発行所　青風舎
　　　　東京都青梅市裏宿町 636-7
　　　　電話 042-884-2370　　FAX 042-884-2371

印刷所　モリモト印刷株式会社
　　　　東京都新宿区東五軒町 3-19

2020 Printed in Japan
ISBN 978-4-902326-66-6　C3041